医药高等职业教育创新示范教材

U0741418

化工设备维修技术

专业入门手册

主编 李 燕

中国医药科技出版社

内 容 提 要

本书是天津生物工程职业技术学院组织编写的医药高等职业教育创新示范教材之一。作为一本写给化工设备维修技术专业新生的入门指南，分别对化工设备维修技术专业相关行业有关职业的岗位职责、就业前景、发展空间及所应具备的条件进行了详尽的描述和实际分析。同时以简洁的文字介绍了化工设备维修技术专业的知识技能体系框架，概括了化工设备维修技术专业的基本学习方法和路线，为学生将来的学习及职业道路指明了方向。

图书在版编目（CIP）数据

化工设备维修技术专业入门手册/李燕主编 . —北京：中国医药科技出版社，2012.9

医药高等职业教育创新示范教材

ISBN 978 - 7 - 5067 - 5603 - 7

Ⅰ. ①化…　Ⅱ. ①李…　Ⅲ. ①　化工设备 - 维修 - 高等职业教育 - 教材　Ⅳ. ①TQ050.7

中国版本图书馆 CIP 数据核字（2012）第 195637 号

美术编辑　陈君杞

版式设计　郭小平

出版　中国医药科技出版社

地址　北京市海淀区文慧园北路甲 22 号

邮编　100082

电话　发行：010 - 62227427　邮购：010 - 62236938

网址　www. cmstp. com

规格　710×1020mm $^1/_{16}$

印张　11 $^1/_2$

字数　151 千字

版次　2012 年 9 月第 1 版

印次　2012 年 9 月第 1 次印刷

印刷　北京印刷一厂

经销　全国各地新华书店

书号　ISBN 978 - 7 - 5067 - 5603 - 7

定价　25.00 元

丛书编委会

刘晓松（天津生物工程职业技术学院　院长）

麻树文（天津生物工程职业技术学院　党委书记）

李榆梅（天津生物工程职业技术学院　副院长）

黄宇平（天津生物工程职业技术学院　教务处处长）

齐铁栓（天津市医药集团有限公司　人力资源部部长）

闫凤英（天津华立达生物工程有限公司　总经理）

闵　丽（天津瑞澄大药房连锁有限公司　总经理）

王蜀津（天津中新药业集团股份有限公司隆顺榕制药厂
　　　　人力资源部副部长）

本书编委会

主　　编　李　燕

编　　者　李　燕（天津生物工程职业技术学院）
　　　　　阚　靖（天津生物工程职业技术学院）
　　　　　孔董俊（天津生物工程职业技术学院）

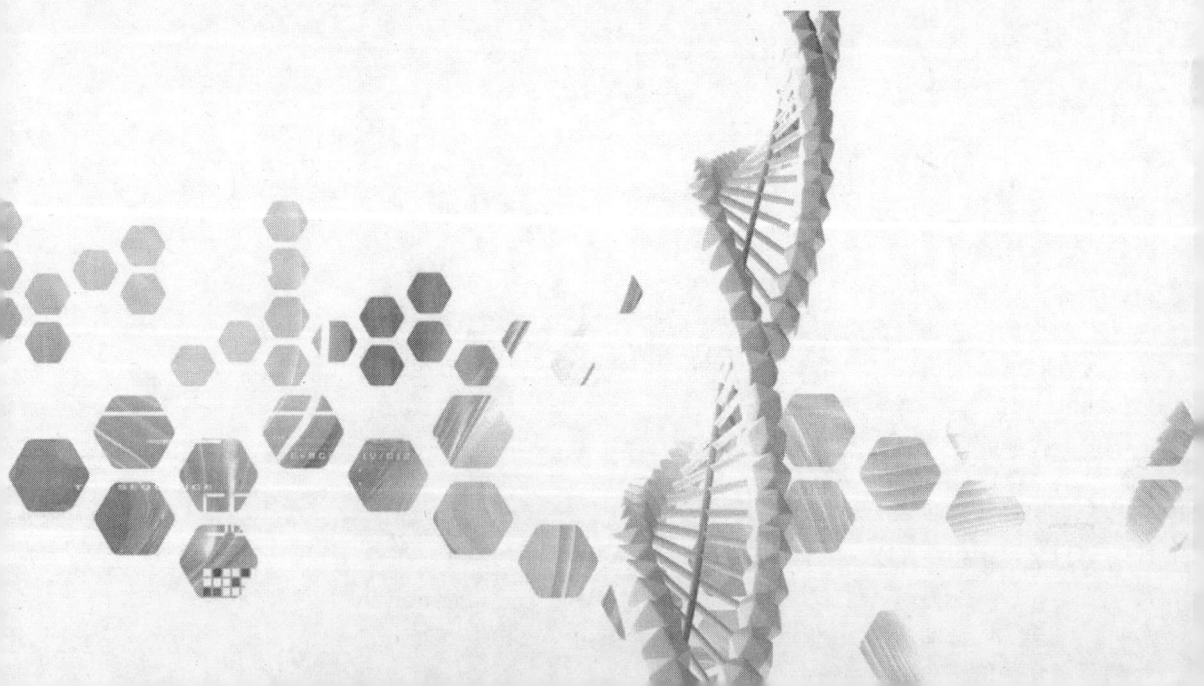

编写说明

为使学生入学后即能了解所学专业，热爱所学专业，在新生入学后进行专业入门教育十分必要。多年的教学实践证明，职业院校更需要强化对学生的职业素养教育，使学生熟悉医药行业基本要求，具备专业基本素质，毕业后即与就业岗位零距离对接，成为合格的医药行业准职业人。为此我们组织编写了"医药高等职业教育创新示范教材"。

本套校本教材共计 16 本，分为 3 类。专业入门教育类 11 本，行业公共基础类 3 本，行业指导类 2 本。专业入门教育类教材包括《化学制药技术专业入门手册》、《药物制剂技术专业入门手册》、《药品质量检测技术专业入门手册》、《化工设备维修技术专业入门手册》、《中药制药技术专业入门手册》、《中药专业入门手册》、《现代中药技术专业入门手册》、《药品经营与管理专业入门手册》、《医药物流管理专业入门手册》、《生物制药技术专业入门手册》和《生物实验技术专业入门手册》，以上 11 门教材分别由专业带头人主编。

行业公共基础类教材包括《医药行业法律与法规》、《医药行业卫生学基础》和《医药行业安全规范》，分别由实训中心主任和系主任主编。

行业指导类教材包括《医药行业职业道德与就业指导》和《医药行业社会实践指导手册》，由长期承担学生职业道德指导和社会实践指导的系书记和学生处主任主编。

在本套教材编写过程中，我院组织作者深入与本专业对口的医药行业重点企业进行调研，熟悉调研企业的重点岗位及工作任务，深入了解各专业所覆盖工作岗位的全部生产过程，分析岗位（群）职业要求，总结履行岗位职责应具备的综合能力。因此，本套校本教材体现了教学过程的实践性、开放性和职业性。

　　本套教材突出以能力为本位，以学生为主体，强调"教、学、做"一体，体现了职业教育面向社会、面向行业、面向企业的办学思想。对深化医药类职业院校教育教学改革，促进职业教育教学与生产实践、技术推广紧密结合，加强学生职业技能的培养，加快为医药行业培养更多、更优秀的高端技能型专门人才都起到了推动作用。

　　本套教材适用于医药类高职高专教育院校和医药行业职工培训使用。

　　由于作者水平有限，书中难免有不妥之处，敬请读者批评指正。

天津生物工程职业技术学院
2012 年 6 月

目 录
Contents

附录 / 169

模块一　准备好，现在就出发

任务一　微笑迎接挑战，做一名有职业道德的医药人

一、你是一名大学生

大学是国家高等教育的学府，综合性的提供教学和研究条件和授权颁发学位的高等教育机关。大学通常被人们比作用来描述新娘美丽颈项的象牙塔（Ivory Tower）；是与世隔绝的梦幻境地，这里是一个不同寻常、丰富多彩的小世界，充满着各种各样的机遇。众多的课外活动、体育活动、社会活动的经历将会对你们当中的很多人产生重大影响。希望你在这里度过一段人生中非常特别的时光——这就是你的大学。

请千万记住，无论你在大学中经历了什么，都归属于学习的过程。课堂的知识帮你累积学识和技能，课余的生活帮你提高综合素质，宿舍和班级内的相处帮你提升人际交往的能力，社会实践活动拓展你的视野……这所有的一切就是你们学习的时刻，是你们接触各种思想观念的时刻。这些思想观念与你们过去和将来接触到的不一定相同，这样的体验或许只在你一生中的这段时光里才会经历到。因此，当你遇到欢欣愉悦的事情时，请记住微笑，把你明媚的心情和收获与你的同伴分享，这会让你的幸福感加倍；当你遇到困难和挫折时，请记住以微笑展示你的坚强和乐观，别忘记也把你的落寞和愤愤不平向知己好友倾诉，这会帮你尽快抚平创伤。

今天，你走进了大学校园，你是一名大学生；你将如何在这"小天地"度过你的大学生活，你又将在哪些方面有所长进，下面的内容或许能

使你眼前一亮。

1. 专业

没有垃圾专业，只有垃圾学生。大学是一种文化与精神凝聚的场所。很多学生学到了皮却没有学到内涵。专业不是你能学到什么，而是你有没有学会怎么学到东西。专业的价值在于你能往大脑里装多少东西。很多学生认为自己分数高就是专业扎实。但是进入工作单位后，你会发现这个根本没有用！分数高代表你的考试技能高，不代表你的专业扎实。高分不一定低能，也不一定高能。两者没有任何必然联系。

2. 社团

外国大学的社团当然锻炼人，组织活动，拉赞助，协调人际关系，然后还有很多时候要选择项目维持社团运作，是一个完整的公司模式。在中国的大学社团你可以学到沟通能力，而且社团更像一个微型的社会，你该怎么周旋？你该怎么适应？其间你要学会怎么正视别人的白眼儿，学会怎么调节好自己的利益和别人之间的关系。

3. 技能

【硬件】

(1) 英语　英语四级证怎么说呢？算是城市户口，你怎么活下去还是看你的真本事。口语、写作是重中之重。毕竟金山词霸还能在你翻译的时候帮你一把，可是口语交流你总不能捧个文曲星吧？抱怨的时候多看看剑桥的《商务英语》，有用，谁看谁知道。

(2) 专业　专业是立身之本，在企业中，过硬的专业素质是你的立身之本。你有知识才能有发展，就算转行，将来也将有很大的优势。

还是那句话，专业的人不是头脑里有多少知识的人，而是工作的专业与自己所学专业不符合的人能不能很快上手，能不能很快有自己的见解。

【软件】

(1) 心态　心平气和地做好手头的工作，你必然会有好结果的。态度决定一切！

(2) 知识　不是专业。知识涉猎不一定专，但一定要广！多看看其他方面的书，金融、财会、进出口、税务、法律等等，为以后做一些积累，以后的用处会更大！会少交许多学费！

（3）思维　务必培养自己多方面的能力，包括管理，亲和力，察言观色能力，公关能力等，要成为综合素质的高手，则前途无量！技术以外的技能也是重要的本事！从古到今，美国、日本，一律如此！

（4）人脉　多交朋友！不要只和与你一样的人交往，认为有共同语言，其实更重要的是和其他类型的人交往，了解他们的经历、思维习惯、爱好，学习他们处理问题的模式，了解社会各个角落的现象和问题，这是以后发展的巨大本钱。

（5）修身　要学会善于推销自己！不仅要能干，还要能说，能写，善于利用一切机会推销自己，树立自己的品牌形象。要创造条件让别人了解自己，不然老板怎么知道你能干？外面的投资人怎么相信你？

最后的最后，永远别忘记对自己说——我是一名大学生，我终将战胜困难，走向光明未来。

二、挑战大学新生常见问题

（一）初入大学的迷惘

1. 大一新生的困惑

对你来说，可能期待大学生活是辉煌灿烂的一个阶段，渴望多姿多彩的校园生活令你终身难以忘怀。然而，当大学生活初步被安顿下来，开始了正常的学习生活之后，最初的惊奇与激情逐渐逝去，大学新生要面临的是一段艰难的心理适应期。

案例

"刚上大学时远离了父母，远离了昔日的朋友，我的心里非常迷惘、非常伤感。新同学的陌生更增加了我心底那份化不开的孤独。每天背着书包奔波在校园中，独自品味着生活的白开水。"一位大学新生在接受心理辅导时如是说。

2. 为什么大学新生容易产生适应困难

（1）新环境中知音难觅　与大学里面的新同学接触时，总习惯拿高中时的好友为标准来加以衡量。由于有老朋友的存在，常常会觉得新面孔不太合意。

在高中阶段，上大学几乎是所有高中生最迫切的目标，在这个统一的目标下，找到志同道合的朋友很容易。但是进入大学以后，各人的目标和志向会发生很大的变化，要找到一个在某一方面有共同追求的朋友，就需要较长时间的努力。

（2）中心地位的失落　全国各地的同学汇集一堂，相比之下，很多新生会发现自己显得比较平常，成绩比自己更优异的同学比比皆是。

这一突然的变化使一些新生措手不及，无法接受理想自我和现实自我之间的巨大差距，一种失落感便袭上心头。

（3）强烈的自卑感　某些男同学可能会因为身材矮小而自卑，某些女同学可能因长相不佳而自卑；还有一些来自农村或小城镇的同学，与来自大城市的同学相比，往往会觉得自己见识浅薄，没有特长，从而产生自卑感。

（二）环境适应

1. 适应新的校园环境

首先要尽快熟悉校园的"地形"。这样，在办理各种手续、解决各种问题的时候就会比别人更顺利、更节省时间。

其次，在班级中担任一定的工作，也能帮助你尽快适应校园生活。这样与老师、同学接触得越多，掌握的信息越多，锻炼的机会也越多，能力提高很快，自信心也就逐渐建立起来了。

2. 适应校园中的人际环境

你来到大学校园，最有可能面临的情况：

（1）多人共享一间宿舍　你们会出现就寝、起床时间的差异、个人卫生要求、习惯的差异、对物品爱惜程度的差异等等。在宿舍生活，就是一个五湖四海的融合过程，意味着你们要彼此适应，互相理解、互相包容。

建议在符合学校相关管理制度的基础上，制定一个宿舍公约，这样将便于宿舍内所有人更好、更舒适地生活。

（2）饮食的差异　食堂的饭菜可能和你家乡的饮食有所差别，你的味蕾、你的胃都要去适应。在外就餐要注意饮食健康。

（3）可支配生活费的差异　面对同学们之间支配金钱能力的差异，要摆正心态，树立简朴生活的观念，做到勤俭节约，合理安排生活费，保证学习的有效进行。并学会自立、自强，学习理财，如有需要可向生源地申请助学贷款、向学校申请国家奖助学金及各类社会助学金等。

3. 适应校园外的社会环境

离开家乡到异地求学，意味着踏入一个不同的社会环境，怎样搭乘公共汽车、怎样向别人问路、怎样去商店买东西、怎样和小商贩讨价还价都要逐步熟悉。了解适应社会环境都有哪些形式，总的来说，适应社会环境有两种形式：一种是改造社会环境，使环境合乎我们的要求；另一种形式是改造我们自己，去适应环境的要求。无论哪种形式，最后都要达到环境与我们自身的和谐一致。

（三）生活适应

1. 培养生活自理能力

案例

某女大学生在考入理想的大学后，从小城市到大城市，从温暖、充满母爱的小家庭到校园中的大家庭，完全不能适应。她说："洗澡要排队，衣服要自己洗，食堂的饭菜又难以下咽……"为此天天给家里打长途电话诉苦。电话里的哭声让母亲揪心，于是母亲只好请假租房陪女儿读书。

从离不开父母的家庭生活到事事完全自理的大学生活，一切都要从头学起。从某种意义上说，这是一种真正的生活独立性的训练。

2. 培养良好的生活习惯

生活习惯代表着个人的生活方式。良好的生活习惯不仅能促进个人的身心健康，而且也能对人的未来发展有间接的作用。

（1）要合理地安排作息时间，形成良好的作息制度。因为有规律的生活能使大脑和神经系统的兴奋和抑制交替进行，天长日久，能在大脑皮质上形成动力定型，这对促进身心健康是非常有利的。

（2）要参加适当的体育锻炼和文娱活动。学习之余参加一些文体活动，不但可以缓解刻板紧张的生活，还可以放松心情、增加生活乐趣，反而有助于提高学习效率。

（3）要保证合理的营养供应，养成良好的饮食习惯。

（4）要改正或防止吸烟、酗酒、沉溺于电子游戏等不良的生活习惯。

3. 安排好课余时间

大学校园除了日常的教学活动之外，还有各种各样的讲座、讨论会、学术报告、文娱活动、社团活动、公关活动等。这些活动对于大学新生来说，的确是令人眼花缭乱，对于如何安排课余时间，大学新生常常心中没谱。如果完全按照兴趣，随意性太大，很难有效地利用高校的有利环境和资源。

应该了解自己近期内要达到哪些目标，长远目标是什么，自己最迫切需要的是什么，各种活动对自己发展的意义又有多大等。然后做出最好的时间安排，并且在执行计划中不断地修正和发展。

丰富的课余生活不仅会增添人生乐趣，也有利于建立自信心，增强社会适应能力。

（四）学习适应

1. 大学新生容易产生学习动机不足的现象

相当一部分大学生身上不同程度地存在着学习动力不足的问题。上大学前后的"动机落差"，自我控制能力差，缺乏远大的理想，没有树立正确的人生观，都是导致大学新生学习动机不足的重要原因。

2. 适应校园的学习气氛

大学里面的学习气氛是外松内紧的。和中学相比，在大学里很少有人监督你，很少有人主动指导你；这里没有人给你制定具体的学习目标，考试一般不公布分数、不排红榜……

但这里绝不是没有竞争。每个人都在独立地面对学业；每个人都该有自己设定的目标；每个人都在和自己的昨天比，和自己的潜能比，也暗暗地与别人比。

3. 调整学习方法

进入大学后，以教师为主导的教学模式变成了以学生为主导的自学模式。教师在课堂讲授知识后，学生不仅要消化理解课堂上学习的内容，而且还要大量阅读相关方面的书籍和文献资料，逐渐地从"要我学"向"我要学"转变，不采用题海战术和死记硬背的方法，提倡生动活泼地学习，提倡勤于思考。

可以说，自学能力的高低成为影响学业成绩的最重要因素。从旧的学习方法向新的学习方法过渡，这是每个大学新生都必须经历的过程。

4. 适应专业学习

对专业课的学习应目标明确具体，主动克服各种学习困难，不断提高学习兴趣；对待公共课，要认识到其实用的价值，努力把对公共课的间接兴趣转化为直接学习兴趣；对选修课的学习，应注意克服仅仅停留在浅层的了解和获知的现象。

5. 适应学习科目

中学阶段，我们一般只学习十门左右的课程，而且有两年时间都把精力放到高考科目上了，老师主要讲授一般性的基础知识。而大学需要学习的课程有几十门，每一个学期学习的课程都不相同，内容多，学习任务远比中学重得多。大学一年级主要学习公共课程和专业基础课，大学二年级主要学习专业课和专业技能课程以及选修课，大学三年级重点进行专业实习以及顶岗实习。

6. 适应自主学习

中学里，经常有老师占用自习课，让同学们非常苦恼，大学里这种情况几乎不存在了。因为大学里课堂讲授相对减少，自学时间大量增加。同时，大学为学生学习提供了非常好的环境，有藏书丰富的图书馆，有设备先进的实验室，有丰富多彩的课外活动及社团活动。

7. 明确技能要求

在中学时期，学习的内容就是语数外等高考科目，到了大学阶段，我们学习的内容转变技能为主，强调动手能力，加强技能学习与训练。

※ 高中和大学的区别——

高中事情父母包办；大学住校凡事要自己解决。

高中有事班主任通知；大学有事要自己看通知。

高中父母是你的守护者；大学在外你是自己的天使。

高中衣来伸手饭来张口；大学要自力更生丰衣足食。

※ 常见的品质——

令人喜欢的品质	中性品质	令人厌恶的品质
☆ 热情	◇ 易动情	★ 不可信
☆ 善良	◇ 羞怯	★ 恶毒
☆ 友好	◇ 天真	★ 令人讨厌
☆ 快乐	◇ 好动	★ 不真实
☆ 不自私	◇ 空想	★ 不诚实
☆ 幽默	◇ 追求物欲	★ 冷酷
☆ 负责	◇ 反叛	★ 邪恶
☆ 开朗	◇ 孤独	★ 装假
☆ 信任别人	◇ 依赖别人	★ 说谎

三、新的起点，开启新的人生

成为一名大学生，也掀开了你新的人生篇章。在新的环境中，如想更好地生存和发展，需要尽快熟悉和适应这样的生活。同时在新的环境中开始，我们也可以抛弃过去不好的行为和习惯，秉承好的传统，学习新的更有价值和意义的知识、方法和技能。来到同一个大学，大家的起跑线相同，对你来说也是更大的机遇。及早做好准备，对自己的人生目标做出分析和确定，而且也愿意花最多时间去完成这个你在医药行业里确立的职业生涯目标，这个目标可以体现你的价值、理想，和对这种成就有追求动机或兴趣。设定一个明确的、可衡量的、可执行的、有时限的目标至关重要，因为"没有目标的人永远给有目标的人打工"。

在大学生活中，要如何完善自己，开启自己新的人生呢？

（一）制定科学的专业学习计划

通常个人的专业学习计划应当包括以下三方面的内容。

1. 明确的专业学习目标

也就是学生通过专业学习达到预期的结果，在专业基本理论、基本知识和基本技能方面达到的水平，在专业能力方面和实际应用方面达到的目标。

2. 进程表

即学习时间和学习进度安排表，包括三个层次。一是总体学习时间和学习进度安排表，即大学期间如何安排专业学习进程，一般地，大学专业学习进程指导原则是第一年打基础，即学习从事多种职业能力通用的课程和继续学习必需的课程。二是学期进程表，把一个学期的全部时间分成三个部分：学习时间、复习时间、考试时间，分别在三个时间段内制定不同的学习进程表。三是课程进度表，是学生在每门课程中投入的时间和精力的体现。

3. 完成计划的方法和措施

主要指学习方式，学习方式的选择需要考虑的因素：学习基础、学习能力、学习习惯、学科性质、学校能够提供的支持服务、学生能够保证的学习时间等，还要遵循学习心理活动特点和学习规律以及个人的生理规律等。

那么，什么样的专业学习计划才算是科学合理的呢？

（1）全面合理　计划中除了有专业学习时间外，还应有学习其他知识的时间。也就是要有合理的知识结构。知识结构是指知识体系在求职者头脑中的内在联系。结构决定着能力，不同的知识结构预示着能否胜任不同性质的工作。随着科学技术的发展，职业发展呈现出智能化、综合化等特点，根据职业发展特点，从业者的知识结构应该更加宽泛、合理。大学生在校学习期间，不仅要掌握本专业知识技能，而且要对相近或相关知识技能进行学习。宽厚的基础知识和必要技能的掌握，才能适应因社会快速发展而对人才要求的不断变化。此外，还应有进行社会工作、为集体服务的时间；有保证休息、娱乐、睡眠的时间。

（2）长时间短安排 在一个较长的时间内，究竟干些什么，应当有个大致计划。比如，一个学期、一个学年应当有个长计划。

（3）重点突出 学习时间是有限的，而学习的内容是无限的，所以必须有重点，要保证重点，兼顾一般。

（4）脚踏实地 一是知识能力的实际，每个阶段，在计划中要接受消化多少知识？要培养哪些能力？二是指常规学习时间与自由学习时间各有多少？三是"债务"实际，对自己在学习上的"欠债"情况心中有数。四是教学进度的实际，掌握教师教学进度，就可以妥善安排时间，不至于使自己的计划受到"冲击"。

（5）适时调整 每一个计划执行结束或执行到一个阶段，就应当检查一下效果如何。如果效果不好，就要找找原因，进行必要的调整。检查的内容应包括：计划中规定的任务是否完成，是否按计划去做了，学习效果如何，没有完成计划的原因是什么。通过检查后，再修订专业学习计划，改变不科学、不合理的地方。

（6）灵活性 计划变成现实，还需要经过一段时间，在这个过程中会遇到许多新问题、新情况，所以计划不要太满、太死、太紧。要留出机动时间，使计划有一定机动性、灵活性。

（二）能力的自我培养

大学生在大学期间应基本上具有工作岗位所要求的能力，这就要求大学生在大学期间注重能力的自我培养。其途径主要如下。

1. 积累知识

知识是能力的基础，勤奋是成功的钥匙。离开知识的积累，能力就成了"无源之水"，而知识的积累要靠勤奋的学习来实现。大学生在校期间，既要掌握已学书本上的知识和技能，也要掌握学习的方法，学会学习，养成自学的习惯，树立终身学习的意识。

2. 专业实验，勤于实践

实验是理论知识的升华和检验，我们可以通过实验来检验专业的理论知识，也能巩固理论知识，加深理解。而实践是培养和提高能力的重要途径，是检验学生是否学到知识的标准。因此大学生在校期间，既要主动积极参加各种校园文化活动，又要勇于参与一些社会实践活动；既要认真参加社会调查活动，又要热心各种公益活动，既要积极参与校内外相结合的科学研究、科技协作、科技服务活动，参加以校内建设或社会生产建设为主要内容的生产劳动，又要热忱参加教育实习活动，参加学校举办的各种类型的学习班、讲学班等。

3. 发展兴趣

兴趣包括直接兴趣和间接兴趣；直接兴趣是事物本身引起的兴趣；间接兴趣是对能给个体带来愉快或益处的活动结果发生的兴趣，人的意志在其中起着积极的促进作用。大学生应该重点培养对学习的间接兴趣，以提高自身能力为目标鼓励自己学习。

4. 超越自我

作为一名大学生，应当注意发展自己的优势能力，但只有优势能力是不够的，大学生必须对已经具备的能力有所拓展，不管其发展程度如何，这是今后生存的需要，也是发展的需要。

（三）身心素质培养

身体素质和心理素质合称为身心素质。身心素质对大学生成才有着重大影响，因此不断提升身心素质尤为重要。大学生心理素质提升的主要途径如下。

1. 科学用脑

（1）勤于用脑　大脑用得越勤快，脑功能越发达。讲究最佳用脑时间。研究发现，人的最佳用脑时间存在着很大的差异性，就一天而言，有早晨学习效率最高的百灵鸟型，有夜晚学习效率最高的猫头鹰型，也有最佳学习时间不明显的混合型。

（2）劳逸结合　从事脑力劳动的时候，大脑皮质兴奋区的代谢过程就逐步加强，血流量和耗氧量也增加，从而使脑的工作能力逐步提高。如果长时间用大脑，消耗的过程逐步越过恢复过程，就会产生疲劳。疲劳如果持续下去，不仅会使学习和工作效率降低，还会引起神经衰弱等疾病。

（3）多种活动交替进行　人的脑细胞有专门的分工，各司其职。经常轮换脑细胞的兴奋与抑制，可以减轻疲劳，提高效率。

（4）培养良好的生活习惯　节奏性是人脑的基本规律之一，大脑皮质的兴奋与抑制有节奏地交替进行，大脑才能发挥较大效能。要使大脑兴奋与抑制有节奏，就要养成良好的生活习惯。

2. 正确认识自己

良好的自我意识要求做到自知、自爱，其具体内涵是自尊、自信、自强、自制。自信、自强的人对自己的动机、目的有明确的了解，对自己的能力能做出比较客观的估价。

3. 自觉控制和调节情绪

疾病都与情绪有关，长期的思虑忧郁，过度的气愤、苦闷，都可能导致疾病的发生。大学生希望有健康的身心，就必须经常保持乐观的情绪，在学习、生活和工作中有效地驾驭自己的情绪活动，自觉地控制和调节情绪。

4. 提高克服挫折的能力

正视挫折，战胜或适应挫折。遇到挫折，要冷静分析原因，找出问题的症结，充分发挥主观能动性，想办法战胜它。如果主客观差距太大，虽然经过努力，也无法战胜，就接受它，适应它，或者另辟蹊径，以便再战。要多经受挫折的磨炼。

（四）选择与决策能力的培养

做出明智的选择是一项与每个人的成长、生活息息相关的基本生存技能，我们的每一个决定，都会影响我们的职业生涯发展。在我们的一生中，需要花费无数的时间与精力来选择或做出决定，小到选乘公交车，大到求学、择业，还有恋爱与婚姻……的确，成功与幸福很大程度上取决于我们在"十字路口"上的某个决定。如果能够具备良好的选择和决策能力，那我们在职业发展的道路上会比别人少浪费很多时间。

（五）学会职业适应与自我塑造

法国哲学家狄德罗曾说过：知道事物应该是什么样，说明你是聪明人；知道事物实际是什么样，说明你是有经验的人；知道如何使事物变得更好，说明你是有才能的人。显然，要想获得职业上的成功，首先是学会适应职业环境，就像大自然中的千年动物，能够随着自然环境的变化而调整、改变自己，避免成为"娇贵"的恐龙！

总而言之，在我们非常宝贵的大学期间，我们应努力培养以下各种技能：自学能力、设备使用操作能力、实验动手能力、应用计算机能力、绘图能力、实验测试能力、技术综合能力、独立工作能力、实验数据分析处理能力、独立思考与创造能力、管理能力、组织管理与社交能力、文字语言表达能力。为了达到以上的目标，我们必须提早动手，对未来的学习有个前瞻性的规划，通过学习计划的设计与按部就班的实施，你的目标终将会逐一实现。

四、医药人，我有我要求

近年来，我国医药行业发展迅速，人才需求旺盛。企业在用人方面反馈出新进员工普遍存在敬业精神及合作态度等方面问题，这也就牵涉到当代医药人职业素养层次的问题。在正式成为医药行业高技能人才之前，请你务必意识到良好的职业素养是你今后职业生涯成功与否的基础。

（一）职业素养涵盖的范畴

很多业界人士认为，职业素养至少包含两个重要因素：敬业精神及合作的态度。敬业精神就是在工作中要将自己作为公司的一部分，不管做什么工作一定要做到最好，发挥出实力，对于一些细小的错误一定要及时地更正，敬业不仅仅是吃苦耐劳，更重要的是"用心"去做好公司分配给的每一份工作。态度是职业素养的核心，好的态度比如负责的、积极的、自信的、建设性的、欣赏的、乐于助人等态度是决定成败的关键因素。

职业素养是个很大的概念，是人类在社会活动中需要遵守的行为规范。职业素养中，专业是第一位的，但是除了专业，敬业和道德是必备的，体现到职场上就是职业素养，体现在生活中的就是个人素质或者道德修养。职业素养是在职业过程中表现出来的综合品质，概况来说就是指职业道德、职业思想（意识）、职业行为习惯、职业技能等四个方面。职业素养是一个人职业生涯成败的关键因素，职业素养量化而成"职商"，英文 career quotient 简称 CQ。也可以说一生成败看职商。

（二）大学生职业素养的构成

大学生的职业素养可分为显性和隐性两部分（图 1 - 1）。

1. 显性素养

形象、资质、知识、职业行为和职业技能等方面是显性部分。这些可以通过各种学历证书、职业证书来证明，或者通过专业考试来验证。

2. 隐性素养

职业意识、职业道德、职业作风和职业态度等方面是隐性的职业素养。"素质冰山"理论认为，个体的素质就像水中漂浮的一座冰山，水上部分的知识、技能仅仅代表表层的特征，不能区分绩效优劣；水下部分的动机、特质、态度、责任心才是决定人的行为的关键因素，鉴别绩效优秀者和一般者。大学生的职业素养也可以看成是一座冰山：冰山浮在水面以上的只有 1/8 是人们看得见的、显性的职业素养；而冰山隐藏在水面以下的部分占整体的 7/8 是人们看不见的、隐性的职业素养。显性职业素养和隐性职业素养共同构成了所应具备的全部职业素养。由此可见，大部分的职业素养是人们看不见的，但正是这 7/8 的隐性职业素养决定、支撑着外在的显性职业素养，同时，显性职业素养是隐性职业素养的外在表现。因此，大学生职业素养的培养应该着眼于整座"冰山"，以培养显性职业素养为基础，重点培养隐性职业素养。

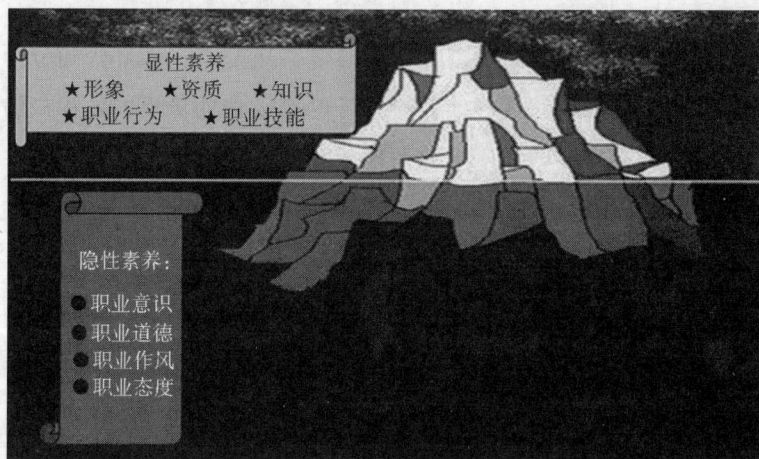

图 1-1 "素质冰山"理论中显性素养和隐性素养比例图

（三）大学生应具备的职业素养

为了顺应知识经济时代社会竞争激烈、人际交往频繁、工作压力大等特点的要求，每个大学生应具备以下几种基本的职业素养。

1. 思想道德素质

近年来，用人单位对大学毕业生的思想道德素质越来越重视，他们认为思想道德素质高的学生不仅用起来放心，而且有利于本单位文化的发展和进步。思想是行动的先导，而道德是立身之本，很难想象一个思想道德素质差的人能够在工作中赢得别人充分的信任和良好的合作。毕竟人是社会的人，在企业的工作中更是如此。所以，企业在选拔录用毕业生时，对思想道德素质都会很在意。虽然这种素质很难准确测量，但是人的思想道德素质会体现在人的一言一行中，这也是面试的主要目的之一。

2. 事业心和责任感

事业心是指干一番事业的决心。有事业心的人目光远大、心胸开阔，能克服常人难以克服的困难而成为社会上的佼佼者。责任感就是要求把个人利益同国家和社会的发展紧密联系起来，树立强烈的历史使命感和社会责任感。拥有较强的事业心和责任感的大学生才能与单位同甘苦、共患难，才能将自己的知识和才能充分发挥出来，从而创造出效益。

3. 职业道德

职业道德体现在每一个具体职业中，任何一个具体职业都有本行业的规范，这些规范的形成是人们对职业活动的客观要求。从业者必须对社会承担必要的职责，遵守职业道德，敬业、勤业。具体来说，就是热爱本职工作，恪尽职守，讲究职业信誉，刻苦钻研本职业务，对技术和专业精益求精。在今天，敬业勤业更具有新的、丰富的内涵和标准。不计较个人得失、全心全意为人民服务、勤奋开拓、求实创新等，都是新时代对大学毕业生职业道德的要求。缺乏职业道德的大学毕业生不可能在工作中尽心尽力，更谈不上有所作为；相反，大学毕业生如果拥有崇高的职业道德，不断努力，那么在任何职业上都会做出贡献，服务社会的同时体现个人价值。

4. 专业基础

随着科学技术的迅速发展，社会化大生产不断壮大，现代职业对从业人员专业基础的要求越来越高，专业化的倾向越来越明显。"万金油"式的人才已经不能满足市场的需求，只有拥有"一专多能"才能在求职过程中取胜。大学毕业生应该拥有宽厚扎实的基础知识和广博精深的专业知识。基础知识、基本理论是知识结构的根基。拥有宽厚扎实的基础知识，才能有持续学习和发展的基础和动力。专业知识是知识结构的核心部分，大学生要对自己所从事专业的知识和技术精益求精，对学科的历史、现状和发展趋势有较深的认识和系统的了解，并善于将所学的专业和其他相关知识领域紧密联系起来。

5. 学习能力

现代社会科学技术飞速发展，一日千里。只有基础牢，会学习，善于汲取新知识、新经验，不断在各方面完善自己，才能跟上时代的步伐。有研究认为，一个大学毕业生在学校获得的知识只占一生工作所需知识的10%，其余需在毕业后的继续学习中不断获取。

6. 人际交往能力

人际交往能力就是与人相处的能力。随着社会分工的日益精细以及个人能力的限制，单打独斗已经很难完成工作任务，人际间的合作与沟通已必不可少。大学毕业生应该积极主动地参与人际交往，做到诚实守信、以诚待人，同时努力培养团队协作精神，这样才能逐步提高自己的人际交往能力。

7. 吃苦精神

用人单位认为近年来所招大学毕业生最缺乏的素质是实干精神。现在的大学生最大的弱点是怕吃苦，缺乏实干的奋斗精神。但凡有所成就的人，无一不是通过艰苦创业而成才的。作为当代大学生，我们应从平时小事做起，努力培养吃苦耐劳的创业精神。

8. 创新精神

现代社会日新月异，我们不能墨守成规。在市场经济条件下，各企业都要参与激烈的市场竞争。用人单位迫切需要大学生运用创新精神和专业知识来帮助他们改造技术，加强企业管理，使产品不断更新和发展，给企业带来新的活力。信息时代是物质极弱的时代，非物质需求成为人类的重要需求，信息网络的全球架构使人类生活的秩序和结构发生根本变化。人才，尤其是信息时代的人才，更需要创新精神。

9. 身体素质

现代社会生活节奏快，工作压力大，没有健康的体魄很难适应。用人单位都希望自己的员工能健康地为单位多做贡献，而不希望看到他们经常请病假。身体有疾病的员工不但会耽误自己的工作，还有可能对单位的其他同事造成影响。用人单位和大学生签订协议书之前，都会要求大学生提交身体检查报告，如果身体不健康，即使其他方面非常优秀，也会被拒之门外。

10. 健康的心理

健康的心理是一个人事业能否取得成功的关键，它是指自我意识的健全，情绪控制的适度，人际关系的和谐和对挫折的承受能力。心理素质好的人能以旺盛的精力、积极乐观的心态处理好各种关系，主动适应环境的变化；心理素质差的人则经常处于忧愁困苦中，不能很好地适应环境，最终影响了工作甚至带来身体上的疾病。大学毕业生在走出校园以后，会遇到更加复杂的人际关系，更为沉重的工作压力，这都需要大学毕业生很好地进行自我调适以适应社会。

总的来说，大学生应具备的职业意识包括：市场意识、创新意识、合作意识、服务意识、法律意识、竞争意识、创业意识。大学生应具备的职业能力包括以下几个方面：终身学习能力、人际沟通能力、开发创造能力、协调沟通能力、言语表达能力、组织管理能力、判断决策能力、职场人格魅力、信息处理能力、应变处理能力。

（四）职业素养的自我培养

作为职业素养培养主体的大学生，在大学期间应该学会自我培养。

（1）要培养职业意识。雷恩·吉尔森说："一个人花在影响自己未来命运的工作选择上的精力，竟比花在购买穿了一年就会扔掉的衣服上的心思要少得多，这是一件多么奇怪的事情，尤其是当他未来的幸福和富足要全部依赖于这份工作时。"很多高中毕业生在跨进大学校门之时就认为已经完成了学习任务，可以在大学里尽情地"享受"了。这正是他们在就业时感到压力的根源。清华大学的樊富珉教授认为，中国有 69% ~ 80% 的大学生对未来职业没有规划、就业时容易感到压力。一项在校大学生心理健康状况调查显示，75% 的大学生认为压力主要来源于社会就业。50% 的大学生对于自己毕业后的发展前途感到迷茫，没有目标；41.7% 的大学生表示目前没考虑太多：只有 8.3% 的人对自己的未来有明确的目标并且充满信心。培养职业意识就是要对自己的未来有规划。因此，大学期间，每个大学生应明确我是一个什么样的人？我将来想做什么？我能做什么？环境能支持我做什么？着重解决一个问题，就是认识自己的个性特征，包括自己的气质、性格和能力，以及自己的个性倾向，包括兴趣、动机、需要、价值观等。据此来确定自己的个性是否与理想的职业相符：对自己的优势和不足有一个比较客观的认识，结合环境如市场需要、社会资源等确定自己的发展方向和行业选择范围，明确职业发展目标。

（2）配合学校的培养任务，完成知识、技能等显性职业素养的培养。职业行为和职业技能等显性职业素养比较容易通过教育和培训获得。学校的教学及各专业的培养方案是针对社会需要和专业需要所制定的，旨在使学生获得系统化的基础知识及专业知识，加强学生对专业的认知和知识的运用，并使学生获得学习能力、培养学习习惯。因此，大学生应该积极配合学校的培养计划，认真完成学习任务，尽可能利用学校的教育资源，包括教师、图书馆等获得知识和技能，作为将来职业需要的储备。

（3）有意识地培养职业道德、职业态度、职业作风等方面的隐性素养。隐性职业素养是大学生职业素养的核心内容。核心职业素养体现在很多方面，如独立性、责任心、敬业精神、团队意识、职业操守等。事实表明，很多大学生在这些方面存在不足。有记者调查发现，缺乏独立性、会抢风头、不愿下基层吃苦等表现容易断送大学生的前程。如某企业招聘负责人在他所进行的一次招聘中，一位来自上海某名牌大学的女生在中文笔试和外语口试中都很优秀，但被最后一轮面试淘汰。他说："我最后不经意地问她，你可能被安排在大客户经理助理的岗位，但你的户口能否进深圳还需再争取，你愿意么？"结果，她犹豫片刻回答说："先回去和父母商量再决定。"缺乏独立性使她失掉了工作机会。而喜欢抢风头的人被认为没有团队合作精神，用人单位也不喜欢。如今，很多大学生生长在"6+1"的独生子女家庭，因此在独立性、承担责任、与人分享等方面都不够好，相反他们爱出风头、容易受伤。因此，大学生应该有意识地在学校的学习和生活中主动培养独立性、学会分享、感恩、勇于承担责任，不要把错误和责任都归咎于他人。自己摔倒了不能怪路不好，要先检讨自己，承认自己的错误和不足。

大学生应该加强自我修养，在思想、情操、意志、体魄等方面进行自我锻炼。同时，还要培养良好的心理素质，增强应对压力和挫折的能力，善于从逆境中寻找转机。

（五）医药人的职业道德要求

1. 药学科研的职业道德要求

（1）忠诚事业，献身药学。

（2）实事求是，一丝不苟。

（3）尊重同仁，团结协作。

（4）以德为先，尊重生命。

2. 药品生产的职业道德要求

（1）保证生产，社会效益与经济效益并重。

（2）质量第一，自觉遵守规范（GMP）。

（3）保护环境，保护药品生产者的健康。

（4）规范包装，如实宣传。

（5）依法促销，诚信推广。

3. 药品经营的职业道德要求

（1）药品批发的道德要求

①规范采购，维护质量；

②热情周到，服务客户。

（2）药品零售的道德要求

①诚实守信，确保销售质量；

②指导用药，做好药学服务。

4. 医院药学工作的职业道德要求

（1）合法采购，规范进药。

（2）精心调剂，热心服务。

（3）精益求精，确保质量。

（4）维护患者利益，提高生活质量。

任务二 高等职业教育，我的选择无怨无悔

一、普通高等教育和高等职业教育

《国家中长期教育改革和发展规划纲要（2010～2020 年)》（简称《教育规划纲要》），对高等教育提出了发展规划。基于此，我们来看一下普通高等教育和高等职业教育。

（一）普通高等教育

高等教育承担着培养高级专门人才、发展科学技术文化、促进社会主义现代化建设的重大任务。到 2020 年，高等教育结构更加合理，特色更加鲜明，人才培养、科学研究和社会服务整体水平全面提升，着力培养信念执著、品德优良、知识丰富、本领过硬的高素质专门人才和拔尖创新人才。

国家将加快建设一流大学和一流学科。以重点学科建设为基础，继续实施"985 工程"和优势学科创新平台建设，继续实施"211 工程"和启动特色重点学科项目。坚持服务国家目标与鼓励自由探索相结合，加强基础研究；以重大现实问题为主攻方向，加强应用研究。促进高校、科研院所、企业科技教育资源共享，推动高校创新组织模式，培育跨学科、跨领域的科研与教学相结合的团队。

普通高等教育五大学历教育是国家教育部最为正规且用人单位最为认可的学历教育，主要包括全日制普通博士学位研究生、全日制普通硕士学

位研究生（包括学术型硕士和专业硕士）、全日制普通第二学士学位、全日制普通本科、全日制普通专科（高职）。

（二）高等职业教育

我国的高等职业技术教育开始于 20 世纪 80 年代初，1995 年以后，特别是 1996 年 6 月全国教育工作会议之后，高等职业技术教育发展迅速。中央和地方也出台了一系列好政策、好措施。教育部批准设置了 92 所高等职业技术学院，各地方也成立了具有地方特色的高等职业技术学院，许多普通高校也以不同形式设置了职业技术学院，高等职业技术教育的发展出现了大好局面。

国家在《教育规划纲要》中提及要大力发展职业教育。职业教育要面向人人、面向社会，着力培养学生的职业道德、职业技能和就业创业能力。到 2020 年，形成适应经济发展方式转变和产业结构调整要求、体现终身教育理念、中等和高等职业教育协调发展的现代职业教育体系，满足人民群众接受职业教育的需求，满足经济社会对高素质劳动者和技能型人才的需要。

政府切实履行发展职业教育的职责。把职业教育纳入经济社会发展和产业发展规划，促使职业教育规模、专业设置与经济社会发展需求相适应。统筹中等职业教育与高等职业教育发展。健全多渠道投入机制，加大职业教育投入。

把提高质量作为重点。以服务为宗旨，以就业为导向，推进教育教学改革。实行工学结合、校企合作、顶岗实习的人才培养模式。坚持学校教育与职业培训并举，全日制与非全日制并重。调动行业企业的积极性。

由此来看，高等职业院校既拥有普通高等教育的学历，也享受到国家对高等教育和职业教育的双重投入。身为高等职业院校学生的你，不仅将成长为高素质技能型人才服务于企业和社会，也将有机会继续深造提升学历水平，成为本领过硬的高素质专门人才和拔尖创新人才。

（三）高等职业技术教育与普通高等教育比较研究

目前我国正在加紧推进高等教育大众化进程，而加速高等职业教育的发展是实现高等教育大众化的主要途径。高等职业教育和普通高等教育有着许多相同的地方，如共同遵循教育的基本原则，共同追求培养社会主义的德智体美劳全面发展的建设者和接班人的总体目标，共同遵循政策宏观调控与高校自主办学积极性相结合的原则，共同接受衡量教育教学质量的一个宏观标准。但高等职业教育与普通高等教育又有着明显的区别。

1. 高等职业教育与普通高等教育在人才培养上的区别

（1）源渠道上的区别　目前高职院校的生源来自于三个方面：一是参加普通高考的学生；二是中等职业技术学院和职业高中对口招生的学生；三是初中毕业的学生。而普通高等教育的生源通常是在校的高中毕业生。

（2）培养目标上的区别　普通高等教育主要培养的是研究型和探索型人才以及设计型人才，而高等职业教育则是主要培养既具有大学程度的专业知识，又具有高级技能，能够进行技术指导并将设计图纸转化为所需实物，能够运用设计理念或管理思想进行现场指挥的技术人才和管理人才。换句话说，高等职业教育培养的是技艺型、操作型、具有大学文化层次的高级技术人才。同普通高等教育相比，高等职业教育培养出来的学生，毕业后大多数能够直接上岗，一般没有所谓的工作过渡期或适应期，即使有也是非常短的。

（3）与经济发展关系上的区别　随着社会的发展，高等教育与社会经济发展的联系越来越紧密，高等职业教育又是高等教育中同经济发展联系最为密切的一部分。在一定的发展阶段中，高等职业教育的学生人数的增长与地区的国民生产总值的变化处于正相关状态，高职教育针对本地区的经济发展和社会需要，培养相关行业的高级职业技术人才，它的规模与发展速度和产业结构的变化，取决于经济发展的速度和产业结构的变化。随着我国经济结构的战略性调整，社会对高等职业教育的发展要求和定位必然以适应社会和经济发展的需求为出发点和落脚点，高等职业教育如何挖掘自身内在的价值，使之更有效地服务于社会是其根本性要求。

（4）专业设置与课程设置上的区别　在专业设置及课程设置上，普通高等教育是根据学科知识体系的内部逻辑来严格设定的，而高等职业教育则是以职业岗位能力需求或能力要素为核心来设计的。就高等职业教育的专业而言，可以说社会上有多少个职业就有多少个专业；就高等职业教育的课程设置而言，也是通过对职业岗位的分析，确定每种职业岗位所需的能力或素质体系，再来确定与之相对应的课程体系。有人形象地说，以系列产品和职业证书来构建课程体系，达到高等职业教育与社会需求的无缝接轨。

（5）培养方式上的区别　普通高等教育以理论教学为主，虽说也有实验、实习等联系实际的环节，但其目的仅仅是为了更好地学习、掌握理论知识，着眼于理论知识的理解与传授。而高等职业教育则是着眼于培养学生的实际岗位所需的动手能力，强调理论与实践并重，教育时刻与训练相结合，因此将技能训练放在了极其重要的位置上，讲究边教边干，边干边学，倡导知识够用为原则，缺什么就补什么，实践教学的比重特别大。这样带来的直接效果是，与普通高等教育相比，高等职业教育所培养的学生，在毕业后所从事的工作同其所受的职业技术教育的专业是对口的，他们有较好的岗位心理准备和技术准备，因而能迅速地适应各种各样的工作要求，为企业带来更大的经济效益。

2. 高等职业教育与普通高等教育在课堂教学评价上的区别

根据高等职业教育与普通高等教育在上述两个方面具有的明显区别，对二者在课堂教学评价问题上区别就容易得出答案了。从评价内容来看，普通高等教育重点放在教师对基础科学知识的传授上；高等职业教育则主要放在教师对技术知识与操作技能的传授方面。从评价过程来看，普通高等教育主要围绕教师的教学步骤展开；高等职业教育则主要围绕学生的学习环节来进行。从评价者来看，普通高等教育主要是以学科教师为主；高等职业教育则主要以岗位工作人员为主。从评价方式来看，普通高等教育主要以同行和专家评价为主；高等职业教育则主要以学生评教为主。

3. 结论

（1）高等职业技术教育和普通高等教育都是高等教育的重要组成部分，二者只有类型的区别，没有层次的区别。因此，高等职业技术教育既是高等教育的一种类型，又是职业技术教育高层次。

（2）高等职业技术教育和普通高等教育在培养目标上有所区别。高等职业技术教育的培养目标是定位于技术型人才的培养；普通高等教育强调培养目标的学术定向性,而高等职业教育强调培养目标的职业定向性。普通高等教育培养的是理论型人才,而高等职业教育培养的是应用型人才。高等职业教育不仅需要学生掌握基本知识和理论,还需要学生提高实践能力。

(3)高等职业技术教育和普通高等教育在培养模式上有所差异。普通高等教育在人才培养模式中强调学科的"重要性",注重理论基础的"广博性"和专业理论的"精深性";专业设置体现"学科性",课程内容注重"理论性",教学过程突出"研究性"。高等职业技术教育则更为强调职业能力的"重要性",注重理论基础的"实用性";专业设置体现"职业性",课程内容强调"应用性",教学过程注重"实践性"。

(4)高等职业技术教育和普通高等教育在教学管理上有所不同。普通高等教育在教学管理中更注重稳定性、长效性和学术自主性。相对而言,高等职业技术教育则更强调教学管理的灵活性、应变性、多重协调性和目标导向性。

(5)普通高等教育需要的是基础理论扎实、学术水平高、科研能力强的教师队伍;高等职业教育需要的是既在理论讲解方面过硬,又在技艺和技能方面见长的"双师型"的教师队伍。

(6)高等职业技术教育和普通高等教育在生源、教育特色、实践能力等方面也存在一定差异。

二、我国大力发展高等职业教育

(一)相关政策文件

我国高等职业教育担负着培养适应社会需求的生产、管理、服务第一线应用型专门人才的使命,高等职业教育的改革发展对全国实施科教兴国战略和人才强国战略有着极为重要的意义。随着经济体制改革的不断深入和国民经济的快速发展,我国在制造业、服务业等行业的技术应用型人才紧缺的状况越来越突出,它直接影响了生产规模和产品质量,制约了产业的发展,影响了国际竞争力的增强。因此,国家十分强调要"大力发展高等职业教育"。

在过去的 10 年，我国高职教育规模得到迅猛的发展。独立设置院校数从 431 所增长到 1184 所，占普通高校总数的 61%；2008 年高职教育招生数达到 311 万人，比 1998 年增长了 6 倍，在校生近 900 万人，对高等教育进入大众化历史阶段发挥了重要的基础性作用。

2006 年 11 月 16 日，中华人民共和国教育部颁布文件《教育部关于全面提高高等职业教育教学质量的若干意见》（教高〔2006〕16 号）明确指出：高等职业教育作为高等教育发展中的一个类型，肩负着培养面向生产、建设、服务和管理第一线需要的高技能人才的使命，在我国加快推进社会主义现代化建设进程中具有不可替代的作用。同时，开始实施被称为"高职 211 工程"的"国家示范性高等职业院校建设计划"，力争到 2020 年中国大陆出现 20 所文化底蕴丰厚、办学功底扎实、具有核心发展力且被国外高等职业教育界广泛认可的世界著名高职院校；重点建设 100 所办学特色鲜明、教学质量优良在全国起引领示范作用的高职院校；重点建设 1000 个技术含量高，社会适应性强，有地方特色和行业优势的品牌专业。截至 2008 年，中华人民共和国教育部和财政部已经正式遴选出了天津职业大学、成都航空职业技术学院、深圳职业技术学院等 100 所国家示范性高等职业院校建设单位和 8 所重点培育院校。自此高等职业教育和高职院校进入了一个前所未有的新的发展历史时期。

《中共中央关于制定国民经济和社会发展第十二个五年规划的建议》中提到：加快教育改革发展。全面贯彻党的教育方针，保障公民依法享有受教育的权利，办好人民满意的教育。按照优先发展、育人为本、改革创新、促进公平、提高质量的要求，深化教育教学改革，推动教育事业科学发展。全面推进素质教育，遵循教育规律和学生身心发展规律，坚持德育为先、能力为重，促进学生德智体美全面发展。积极发展学前教育，巩固提高义务教育质量和水平，加快普及高中阶段教育，大力发展职业教育，全面提高高等教育质量，加快发展继续教育，支持民族教育、特殊教育发展，建设全民学习、终身学习的学习型社会。

《教育规划纲要》中也提出建立健全政府主导、行业指导、企业参与的办学机制，制定促进校企合作办学法规，推进校企合作制度化。鼓励行业组织、企业举办职业学校，鼓励委托职业学校进行职工培训。制定优惠政策，鼓励企业接收学生实习实训和教师实践，鼓励企业加大对职业教育的投入。

《国务院办公厅关于开展国家教育体制改革试点的通知》也提出改革职业教育办学模式，构建现代职业教育体系，提出了若干试点建设。其中天津分别被列入"建立健全政府主导、行业指导、企业参与的办学体制机制，创新政府、行业及社会各方分担职业教育基础能力建设机制，推进校企合作制度化"的试点城市；"开展中等职业学校专业规范化建设，加强职业学校'双师型'教师队伍建设，探索职业教育集团化办学模式"的试点城市；"探索建立职业教育人才成长'立交桥'，构建现代职业教育体系"的试点城市。

借助国家大力发展高等职业教育的东风，高职院校将优化资源配置、积极探索多样化的办学模式，促进教学改革和课程改革等。高职院校将有更多机会筹建各类实训基地、参与及组织各类职业技能竞赛，实现健全技能型人才培养体系，推动普通教育与职业教育相互沟通，相互借鉴，为学生提供更好的学习平台，提升学生的职业素养，与企业实现零距离接轨，更快地服务于区域经济发展。

（二）专业、职业、工种、岗位的内涵

以工学结合为特色、以就业为导向、以服务为宗旨是高等职业院校的办学理念。鉴于此，学生一入校就要和企业需求紧密结合。在入学之初，及早了解专业与职业、工种及岗位之间的联系，将更有利于开展今后的学习。

1. 专业

根据《普通高等学校高职高专教育专业设置管理办法（试行）》，由教育部组织制定的《普通高等学校高职高专教育指导性专业目录》（以下简称《目录》）是国家对高职高专教育进行宏观指导的一项基本文件，是指导高等学校设置和调整专业，教育行政部门进行教育统计和人才预测等工作的重要依据，也可作为社会用人单位选择和接收毕业生的重要参考。

其所列专业是根据高职高专教育的特点，以职业岗位群或行业为主兼

顾学科分类的原则进行划分的，体现了职业性与学科性的结合，并兼顾了与本科目录的衔接。专业名称采取了"宽窄并存"的做法，专业内涵体现了多样性与普遍性相结合的特点，同一名称的专业，不同地区、不同院校可以且提倡有不同的侧重与特点。《目录》分设农林牧渔、交通运输、生化与药品、资源开发与测绘、材料与能源、土建、水利、制造、电子信息、环保气象与安全、轻纺食品、财经、医药卫生、旅游、公共事业、文化教育、艺术设计、传媒、公安、法律等。

2. 职业

职业是参与社会分工，利用专门的知识和技能，为社会创造物质财富和精神财富，获取合理报酬，作为物质生活来源，并满足精神需求的工作。我国职业分类，根据我国不同部门公布的标准分类，主要有两种类型。

第一种：根据国家统计局、国家标准总局、国务院人口普查办公室1982年3月公布，供第三次全国人口普查使用的《职业分类标准》。该标准依据在业人口所从事的工作性质的同一性进行分类，将全国范围内的职业划分为大类、中类、小类三层，即8大类、64中类、301小类。其8个大类的排列顺序是：第一，各类专业、技术人员；第二，国家机关、党群组织、企事业单位的负责人；第三，办事人员和有关人员；第四，商业工作人员；第五，服务性工作人员；第六，农林牧渔劳动者；第七，生产工作、运输工作和部分体力劳动者；第八，不便分类的其他劳动者。在八个大类中，第一、二大类主要是脑力劳动者，第三大类包括部分脑力劳动者和部分体力劳动者，第四、五、六、七大类主要是体力劳动者，第八类是不便分类的其他劳动者。

第二种：国家发展计划委员会、国家经济委员会、国家统计局、国家标准局批准，于1984年发布，并于1985年实施的《国民经济行业分类和代码》。这项标准主要按企业、事业单位、机关团体和个体从业人员所从事的生产或其他社会经济活动的性质的同一性分类，即按其所属行业分类，将国民经济行业划分为门类、大类、中类、小类四级。门类共13个：①农、林、牧、渔、水利业；②工业；③地质普查和勘探业；④建筑业；

⑤交通运输业、邮电通信业；⑥商业、公共饮食业、物资供应和仓储业；⑦房地产管理、公用事业、居民服务和咨询服务业；⑧卫生、体育和社会福利事业；⑨教育、文化艺术和广播电视业；⑩科学研究和综合技术服务业；⑪金融、保险业；⑫国家机关、党政机关和社会团体；⑬其他行业。这两种分类方法符合我国国情，简明扼要，具有实用性，也符合我国的职业现状。

（1）职业资格　职业资格是对从事某一职业所必备的学识、技术和能力的基本要求。

职业资格包括从业资格和执业资格。从业资格是指从事某一专业（职业）学识、技术和能力的起点标准。执业资格是指政府对某些责任较大，社会通用性强，关系公共利益的专业（职业）实行准入控制，是依法独立开业或从事某一特定专业（职业）学识、技术和能力的必备标准。

（2）职业证书　职业资格证书是劳动就业制度的一项重要内容，也是一种特殊形式的国家考试制度。它是指按照国家制定的职业技能标准或任职资格条件，通过政府认定的考核鉴定机构，对劳动者的技能水平或职业资格进行客观公正、科学规范的评价和鉴定，对合格者授予相应的国家职业资格证书。

《劳动法》第八章第六十九条规定：国家确定职业分类，对规定的职业制定职业技能标准，实行职业资格证书制度，由经过政府批准的考核鉴定机构负责对劳动者实施职业技能考核鉴定。

《职业教育法》第一章第八条明确指出：实施职业教育应当根据实际需要，同国家制定的职业分类和职业等级标准相适应，实行学历文凭、培训证书和职业资格证书制度。

这些法律条款确定了国家推行职业资格证书制度和开展职业技能鉴定的法律依据。

（3）职业资格等级证书等级　我国职业资格证书分为五个等级：初级工（五级）、中级工（四级）、高级工（三级）、技师（二级）和高级技师（一级）。

3. 工种

工种是根据劳动管理的需要，按照生产劳动的性质、工艺技术的特征或者服务活动的特点而划分的工作种类。

目前大多数工种是以企业的专业分工和劳动组织的基本状况为依据，从企业生产技术和劳动管理的普遍水平出发，为适应合理组织劳动分工的需要，根据工作岗位的稳定程度和工作量的饱满程度，结合技术发展和劳动组织改善等方面的因素进行划分的。

如《医药特有工种职业（工种）目录》涉及化学合成制药工工种47种，生化药品制造工的生化药品提取工、发酵工程制药工、微生物发酵工等6种，药物制剂工工种31种，药物检验工工种7种，实验动物饲养工、药理实验动物饲养工、医药商品储运员（含医疗器械）工种5种，淀粉葡萄糖制造工工种12种。

4. 岗位

岗位，是组织为完成某项任务而确立的，由工种、职务、职称和等级内容组成。岗位职责指一个岗位所要求的需要去完成的工作内容以及应当承担的责任范围。

药事管理涉及药品注册、研究开发、生产、经营、流通、使用、价格、广告等方面，意味着在相应方面均有基层工作和管理、监督检查人员。每一环节均有其对应的岗位及岗位职责。

总体来看，选择学习哪一专业，就意味着今后进入哪一行业，从事何种职业的机会更大一些。要积极面对专业课程的学习，同时寻求拓展专业知识的机会，有条件的基础上，可以自学其他专业的课程，增加自己的职场竞争力。

三、高等职业教育实行双证书制度

所谓双证书制度，是指高职院校毕业生在完成专业学历教育获得毕业文凭的同时，必须参与其专业相衔接的国家就业准入资格考试并获得相应的职业资格证书。即高等职业院校的毕业生应取得学历和技术等级或职业资格两种证书的制度。

　　高职学历证书与职业资格证书既有紧密联系，又有明显区别。高职学历教育与职业资格证书制度的根本方向和主要目的具有一致性，都是为了促进从业人员职业能力的提高，有效地促进有劳动能力的公民实现就业和再就业，二者都以职业活动的需要作为基本依据。但是，二者又不能相互等同、相互取代。职业资格标准的确定仅以社会职业需要为依据，是关于"事"的标准，主要是为了维护用人单位的利益和社会公共利益。学历教育与职业资格的考核方式也存在明显不同。职业资格鉴定只是一种终结性的考核评价，而学历教育既注重毕业时和课程结束时的终结性考核评价，更注重学习过程中的发展性评价。为了达到教育目标，学历教育可以采用标准参照，也可以采用常模参照，而职业资格鉴定仅采用标准参照。此外，职业资格鉴定要规定从业者的工作经历，而毕业证书的发放则要规定学习者的学习经历。

　　双证书制度是在高等职业教育改革形势下应运而生的一种新的制度设计，是对传统高职教育的规范和调整。实行双证书制度是国家教育法规的要求，是人才市场的要求，也是高等职业教育自身的特性和社会的需要。

（一）实行双证书制度是国家教育法规的要求

　　几年来国家在许多法规和政策性文件中提出了实行双证书制度的要求。1996 年颁布的《中华人民共和国职业教育法》规定：实施职业教育应当根据实际需要，同国家制定的职业分类和职业等级标准相适应，实行学历证书、培训证书和职业资格证书制度。并明确指出：学历证书、培训证书按照国家有关规定，作为职业学校、职业培训机构的毕业生、结业生从业的凭证。1998 年国家教委、国家经贸委、劳动部《关于实施〈职业教育法〉加快发展职业教育的若干意见》中详细说明：要逐步推行学历证书或培训证书和职业资格证书两种证书制度。接受职业学校教育的学生，经所在学校考试合格，按照国家有关规定，发给学历证书；接受职业培训的学生，经所在职业培训机构或职业学校考核合格，按照国家有关规定，发给培训证书。对职业学校或职业培训机构的毕（结）业生，要按照国家制定的职业分类和职业等级、职业技能标准，开展职业技能考核鉴定，考核合格的，按照国家有关规定，发给职业资格证书。学历证书、培训证书和职业资格证书作为从事相应职业的凭证。《教育规划纲要》提到要增强职业教育吸引力，完善职业教育支持政策。积极推进学历证书和职业资格证书双证书制度，推进职业学校专业课程内容和职业标准相衔接。完善就业准入制度，执行"先培训、后就业"、"先培训、后上岗"的规定。

以上这些，为实行双证书制度提供了法律依据和政策保证。

（二）实行双证书制度是社会人才市场的要求

随着社会主义市场经济的发展，社会人才市场对从业人员素质的要求越来越高，特别是对高级实用型人才的需求更讲究"适用"、"效率"和"效益"，要求应职人员职业能力强，上岗快。这就要求高等职业院校的毕业生，在校期间就要完成上岗前的职业训练，具有独立从事某种职业岗位工作的职业能力。双证书制度正是为此目的而探索的教育模式，职业资格证书是高职毕业生职业能力的证明，谁持有的职业资格证书多，谁的从业选择性就大，就业机会就多。

（三）实行双证书制度是高职教育自身的特性

高等职业教育是培养面向基层生产、服务和管理第一线的高级实用型人才。双证书是实用型人才的知识、技能、能力和素质的体现和证明，特别是技术等级证书或职业资格证书是高等职业院校毕业生能够直接从事某种职业岗位的凭证。因此，实行双证书制度是高等职业教育自身的特性和实现培养目标的要求。

高等职业教育实行双证书制度主旨在于提高高职院校学生的就业竞争力，确保学生毕业后能够学有所有，大力服务于企业发展及社会主义经济建设。

四、高职毕业生，职场上的"香饽饽"

（一）全国就业整体形势

《国务院关于批转促进就业规划（2011~2015年）的通知》中对"十二五"期间面临的就业形势做出明确阐述："十二五"期间，我国就业形势将更加复杂，就业总量压力将继续加大，劳动者技能与岗位需求不相适应、劳动力供给与企业用工需求不相匹配的结构性矛盾将更加突出，就业任务更加繁重。

（二）政策措施

1. 促进以创业带动就业

健全创业培训体系，鼓励高等和中等职业学校开设创业培训课程。健全创业服务体系，为创业者提供项目信息、政策咨询、开业指导、融资服务、人力资源服务、跟踪扶持，鼓励有条件的地方建设一批示范性的创业孵化基地。

2. 统筹做好城乡、重点群体就业工作

要切实做好高校毕业生和其他青年群体的就业工作。

一方面继续把高校毕业生就业放在就业工作的首位，积极拓展高校毕业生就业领域，鼓励中小企业吸纳高校毕业生就业。鼓励引导高校毕业生面向城乡基层、中西部地区，以及民族地区、贫困地区和艰苦边远地区就业，落实各项扶持政策。

另一方面，鼓励高校毕业生自主创业，支持高校毕业生参加就业见习和职业培训。

（三）大力培养急需紧缺人才

"十二五规划"提出教育和人才工作发展任务创新驱动实施科教兴国和人才强国战略。其中提到促进各类人才队伍协调发展。涉及大力开发装备制造、生物技术、新材料、航空航天、国际商务、能源资源、农业科技等经济领域和教育、文化、政法、医药卫生等社会领域急需紧缺专门人才，统筹推进党政、企业经营管理、专业技术、高技能、农村实用、社会工作等各类人才队伍建设，实现人才数量充足、结构合理、整体素质和创新能力显著提升，满足经济社会发展对人才的多样化需求。

（四）高职生就业现状

在政策扶持下，高职高专院校毕业生就业率连年攀升。经过多年的发展，秉持着以就业为导向的办学目标，目前国内不少高职高专院校终于百炼成钢，摸准了市场的脉搏，按照市场需求培养的学生成了就业市场上的"香饽饽"。

高职院校就业率高的主要原因在于培养的人才"适销对路"，职业能

力强、专业对口人才紧缺、订单式培养是高职毕业生就业率走高的根本原因。各高职学院积极地与企业合作，根据市场需求进行课程开发；通过校企合作，企业把车间搬到学院，或者学生到企业以场中校的形式，把学生的实践环节做足做实，真正与就业零距离接触。再者现在越来越多的用人单位讲究人才的优化配置，做到人岗匹配，对某些岗位来说，录用高职生比录用本科生可以花费更少的薪酬及培训成本，却能获得更好的用人效果。

很多高职学生通过在校期间参加各类实训、工学交替、订单培养班及技能大赛等，练就了一身本领，拿到了相关的职业资格证书，掌握了企业急需的专业技能，这些磨砺使企业看到了他们的价值，帮助他们确立了在企业中的工作岗位，有些甚至成为用人单位后备人才培养对象。

社会经济发展趋势及企业对技能型人才的需求越旺盛，高职毕业生的优势就越来越凸现，有些高职毕业生还没有毕业就被用人单位提前预订一空，有些在学期间就能拿着比不少本科毕业生还要高的薪水。

当然，高职毕业生不应满足于眼前的高就业率，更应为个人今后长期的职业发展做出更好的规划，要不断提升个人学历层次或技能水平，以满足不断变化的市场需求，使自己长期处于优势地位。

模块二　学技能，就业有实力

任务一　学技能，三年早知道

同学们选择了化工设备维修技术（制药方向）这个专业，对这个专业了解多少呢？选择这个专业是你一时兴起，还是经过了深思熟虑呢？接下来的三年时间，你将如何度过呢？阅读以下内容也许会令你有所收获。

一、化工设备维修技术（制药方向）专业概况

化工设备维修技术（制药方向）专业的专业代码是530209，在高等职业教育专业分类中属于生化与药品大类中的化工技术类。

（一）国内化工设备维修技术专业开办情况

2012年化工设备维修技术专业在全国范围内主要有以下高职院校开设此专业（表2-1）。

表2-1　国内开办化工设备维修技术专业的高职院校

1	山东药品食品职业学院
2	山西药科职业学院
3	河北化工医药职业技术学院
4	河南化工职业学院
5	湖南石油化工职业技术学院
6	沈阳工业大学高等职业技术学院
7	广州工程技术职业学院
8	广东食品药品职业学院
9	河北工业职业技术学院
10	扬州工业职业技术学院
11	潍坊科技学院

续表

12	贵州工业职业技术学院
13	天津职业大学
14	四川化工职业技术学院
15	天津渤海职业技术学院
16	天津生物工程职业技术学院

注：根据2012年高职高专业设置查询平台数据整理。

山东药品食品职业学院开办的化工设备维修技术专业主要培养能在药品生产领域从事制药设备、药剂设备、通用设备的生产、使用、维修等方面工作的高等技术应用型人才。主要课程：制药设备、药厂通用设备、化工设备安装与修理、机电控制基础、机械基础、化工制图等。就业方向：药物生产企业、化工企业、制药设备生产和销售企业等。

山西药科职业学院主要培养的是医疗器械养护、维修和销售方面的人才。

河北化工医药职业技术学院开办的化工设备维修技术专业招收理工类考生，目标是培养掌握熟练的职业技能，有一定的沟通、合作、创新和创业的能力和系统的应用知识和持续发展的能力，能够从事化工设备运行、维修、管理、营销、制造、安装等工作的应用技能型人才。主要课程：工程材料、电工技术、工程制图与CAD、机械基础、典型化工工艺及操作、化工设备与维修、化工机器运行与维修、化工设备制造技术、化工设备安装、设备管理、化工防腐蚀技术等。就业方向：面向化工、制药或设备制造安装等行业，在操作、维修、车间点检、安全、车间设备管理、材料管理、设备工艺、预算、计划、质检等岗位从事设备的制造、维修、运行、安装调试、管理等工作。

河南化工职业学院培养方向是化工设备维修，就业面向化工生产第一线。主要解决有关化工容器和化工机器的设计及制造、维护、检测、管理等问题。

湖南石油化工职业技术学院培养石油化工设备维修技术专业基础理论知识和基本技能，从事石油化工机械设备的设计、制造、维护、检修及管理等工作的高级技术应用型专门人才。

沈阳工业大学高等职业技术学院的化工设备维修技术专业培养从事化工机械和设备的运行、维修及管理的高等工程应用型技术人才。化工设备维修技术专业的毕业生具备在石油化工企业从事化工机械与设备的运行、维护和管理的基本知识和基本技能。开设的主要课程：机械制图、工程力学、机械设计、工程材料、化工机器、化工设备。

广州工程技术职业学院的应用化工技术（化工设备维修技术）专业的目标是培养掌握化工设备维修技术专业必需的基础理论知识和基本技能，以及新材料、新技术、新工艺、新设备知识，掌握化工设备的运行、维修、调试、保养及管理的高等技术应用型人才。就业方向为化工机械维修、石油化工企业生产保运、机械设备的运行、维修与保养及设备管理等工作。主干课程：工程制图、维修钳工技术、离心泵检修安装技术、压缩机维护检修技术、化工设备维护检修技术、铆焊技术等。可以考取的资格证书是维修钳工中级工。

广东食品药品职业学院培养的是面向制药方向的化工设备维修人才。就业面向制药设备生产、调试、选型、使用、维护、销售及各环节的相关管理工作。

河北工业职业技术学院化工设备维修技术专业的主修课程是化工制图与 CAD、化工单元运行操作、机械基础、化工设备与机械、化工机械制造技术、炼焦机械与设备、化工机械维护修理与安装、化工设备技术管理、化工安全生产、DCS 自动控制等。毕业生主要掌握从事化工机械及设备的安全运行、故障检测、维护维修、安装调试等职业岗位实际工作的基本能力和基本技能。该专业毕业生主要服务于各类化工、制药企业的设备管理部门、生产车间、维修车间、技术改造部门，从事机械设备的操作、维护、维修工作、设备的改造制作安装工作、设备及备品备件的管理工作等。

扬州工业职业技术学院化工设备维修技术专业以职业技能为主线，面向化工、石油、医药、机械等行业培养具备化工过程设备和检测仪表的基本理论及典型化工过程设备的制造、安装、调试、运行维护、故障处理及管理能力的高级应用性技术人才。就业主要面向轻工、化工等行业从事化工机器及设备的安装、调试、检修、维护及生产管理。

潍坊科技学院培养适应生产、建设、管理、服务需要的专门人才。主要课程有化工原理、工程制图与 CAD、化工容器及设备、化工机械制造工艺、化工设备安装与维修、化工腐蚀与防护、互换性与技术测量等。毕业后可从事化工、精细化工、炼油、轻工、医药、环保等相关单位的机械设备安装与维修技术性工作。

贵州工业职业技术学院培养从事化工设备与机械的设计、制造、安装、检修及管理的高级应用型专门人才。掌握化工设备与机械的专业理论及专业技能，熟悉化工机械的工作原理、结构特征及性能，具有应用现代科学技术进行开发应用的能力。通过培训、考试可获得国家计算机等级证书、外语水平等级证书、绘图员证书、电工或焊工等级证书。毕业后具有组织、实施机组小修、辅助中修的工作能力；可从事化工机械及机组的安装、调试、运行、维护及管理工作，同时可以从事机械设备的无损检测工作。

天津职业大学主要培养具备化工机械操作运行、故障诊断与排除、设备改造和新技术开发的能力，可从事化工制图与设计、化工设备维护、化工设备制造、化工仪表及自动化、车间管理等工作的高素质技能型人才。

四川化工职业技术学院培养面向化工、轻工、医药等行业从事机械与设备的安装、维修、调试、运行、制造与管理。

天津渤海职业技术学院培养毕业生懂得典型化工生产工艺过程，掌握化工机械安装及检修、设备管理等技术，能从事化工机械调试、检修、安装及设备管理等工作。

天津生物工程职业技术学院开办的化工设备维修技术（制药方向）专业是依据制药企业快速发展，特别是天津滨海新区医药产业园的大量、快速增加而设立的专业，主要为天津及周边地区化学制药企业、制剂企业和生物制药企业等培养制药设备维修、维护和保养等高素质技能型人才。化工设备维修技术（制药方向）专业面向全国招生，学制三年。

在以上开设化工设备维修专业的高职院校中只有广东食品药品职业学院、沈阳药科大学高等职业技术学院和天津生物工程职业技术学院开设了化工设备维修技术（制药方向）专业。相应设置的课程和毕业生的就业主要针对于各类制药企业。天津生物工程职业技术学院该专业的设立主要是依赖于行业办学，校企合作，地域优势等方面为依托。

（二）人才培养目标

化工设备维修技术（制药方向）专业面向制药企业设备维修第一线，培养具有良好的职业道德和团队协作精神，熟练掌握制药设备维修技术专业所必需的基础理论知识和基本技能，具备判断制药设备运行故障及应急处理能力、制药设备维修和日常管理能力及制药设备操作能力，可从事原料药设备、制剂设备使用、维修、维护及管理的适应市场经济建设和社会发展需要，德、智、体、美等全面发展的高端技能型专门人才。

（三）人才培养规格

1. 基本要求

热爱社会主义祖国，拥护党的基本路线，懂得马克思列宁主义、毛泽东思想、邓小平理论、"三个代表"重要思想以及科学发展观的基本原理，具有爱国主义、集体主义、社会主义思想和良好的思想品德。

2. 知识技能要求

（1）知识结构

①具有社会科学、体育、英语、信息科学等公共基础知识；

②具有制药识图、制药机械基础、制药单元操作、电工与电子技术等专业基础知识；

③具有原料药设备、制剂设备等职业岗位技术知识；

④具有人文素养和专业拓展知识。

（2）能力结构

①具有计算机基本操作能力，会使用常用办公软件；

②具有识图能力；

③具有语言表达能力和文字表达能力；

④具有判断制药设备运行故障及应急处理能力；

⑤具有制药设备操作能力；

⑥具有制药设备维修和管理能力。

3. 就业岗位要求

（1）掌握制药企业相关设备检修的操作规程、安全规程及相关检修标准，具备设备管理的基本知识。

（2）掌握制药企业相关设备的类型、特点、工作原理、主要零部件的结构和应用。

（3）掌握制药企业相关设备检修方案的确定、检修的方法和步骤。

（4）掌握制药企业相关设备的维护、检修等施工的安全要点、质量检测要点。

①能够熟练进行制药企业相关设备的日常维护；

②能够熟练进行制药企业相关设备检修工艺的制定；

③在厂家的协助下具备熟练进行制药企业相关设备的拆卸、安装、检修、试车的能力；

④具有熟练使用检修工量具的能力；

⑤具有安全操作、处理操作现场故障的能力；

⑥具有制药企业相关设备故障分析、判断和应急处理的能力。

4. 素质要求

（1）具备良好职业道德，较好的组织协调能力和团队协作精神。

（2）具有吃苦耐劳、严谨求实、自主学习、勇于创新的学习作风和态度。

（3）具有健康的体魄和良好的心理调节能力。

（四）职业资格证书

本专业实行学历证书与职业资格证书并重的"双证书"制度，强化学生职业能力的培养，依照国家职业分类标准，要求学生获得对其就业有实际帮助的职业资格证书（中级、高级）。学生应至少获得其中一种职业资格证书方能毕业。具体工种可参见表2－2。

表2－2　部分职业资格证书一览表

序号	证书名称	等级	获取学期	备注
1	机修钳工	中级	第五学期	必考
2	维修电工	中级	第五学期	必考
3	机修钳工	高级	第六学期	鼓励报考
4	化工自动化控制仪表	中级	第六学期	鼓励报考

本专业在教学过程中应将岗位技能培训与考核的内容融于日常的教学中，第五、六学期分别进行中、高级工的考核。理论知识考试采用闭卷笔试或口试方式，技能操作考核采用现场实际操作方式；顶岗实习报告（论文）采用审评方式。考试成绩均实行百分制，成绩达 60 分为合格。

取得证书方式：由国家劳动部统一颁发。

（五）双带头人制度

为有效解决专业与社会需求对接问题，提高专业建设的自觉性、科学性，化工设备维修技术（制药方向）专业实行双带头人制度，除配备专职教师担任专业带头人外，另聘请 1 名企业高级工程师担任专业带头人。

本企业专业带头人的职责包括全程参与专业的申报、备案和专业建设和教学改革过程，包括课程体系的构建，课程设置、教材建设以及校内实训基地的建设指导，校外实训基地的建设等。

同时，本专业从与学院结合紧密的行业、企业聘请生产一线技术和管理人员，承担实践技能课程和一部分选修课程，充实教学队伍，很好地满足本专业的教学需要。

二、岗位能力分析与课程体系

（一）职业岗位分析

1. 职业岗位群

化工设备维修技术（制药方向）培养的学生可以从事制药设备的操作、日常维护、维修及管理工作。具体岗位如下。

（1）制药企业设备操作工。

（2）制药企业车间设备管理员。

（3）制药企业车间维修工。

拓展：化工企业设备操作、维修、管理，医疗机构制剂车间设备操作、简单维修、管理等。

2. 学生毕业后可从事的主要工作

（1）原料药生产设备使用、维护、管理、维修。

（2）制剂设备使用、维护、管理、维修。

（3）拓展化工企业、医疗机构制剂车间生产设备操作、维护、管理，维修。

3. 化工设备维修技术（制药方向）专业职业岗位应取得的证书

（1）取得高等学校英语应用能力 B 级证书。

（2）取得全国计算机一级证书。

（3）取得机修钳工中级、高级职业资格证书。

（4）取得维修电工中级职业资格证书。

4. 化工设备维修技术（制药方向）专业职业岗位能力分析

表 2－3 基于岗位群的职业技术知识、能力结构分析表

岗位群	岗位	岗位能力要素	相关课程	职业资格证书
核心岗位群	制企设操岗 药业作位 备	具有化学药品生产单元操作的相关知识和能力；看懂常用制药设备管路安装图、工艺流程图和设备平面布置图；具有制药设备的操作、维护能力；具有解决与化工设备维修技术（制药方向）专业有关的一般生产中的实际问题的能力和生产异常情况应变生产能力；具有创新意识和独立获取新知识的能力；熟悉国家关于化工与制药生产、安全、环境保护等方面的法规；掌握药物生产工艺；具有对药品新产品、新工艺、新设备应用能力	制药识图技术 制药测量技术 电工电子技术 制药设备机械基础 液压气动与传动 化工仪表及自动化 机械维修技术 典型生产工艺 制药设备 制药动力设备 医药行业安全规范 医药行业卫生学基础 医药行业法律法规 电工实训 钳工实训 综合实训 专业实训	操作工
	制企车设管岗 药业间备理位	熟悉制药设备的用途、性能、原理、结构；会使用、保养、故障排除；能对生产设备进行高效管理，争取最佳投资回报；能够对制药设备采取一系列技术、经济、组织措施，从设备的计划、研究、设计、制造、购置、安装、使用、维护、改造、更新直至报废的全过程进行综合管理，以达到最大限度地发挥设备的综合效能；具有以最低投入使设备发挥最好效能的能力		机修钳工（高级）、维修电工（高级）相关的特种作业证
	制企车维岗 药业间修位	具有制药设备的维修能力；完成复核GMP 的相关记录；保障机器设备正常运行；能按照设备保养手册和设备说明书制定保养计划，并按计划实施保养工作；能指导操作工完成设备的使用及简单的保养工作；具有日常巡视及时发现问题、处理隐患的能力		机修钳工（中级）、维修电工（中级）相关的特种作业证

岗位群	岗位	岗位能力要素	相关课程	职业资格证书
拓展岗位群	化工企业设备操作维修岗（工业备品备件操作维修岗位）	掌握典型的化工生产设备的操作技能；具有常用设备维护能力；有解决主要制备生产过程中一般性技术问题的能力；看懂常用设备图和设备平面布置图	制药识图技术 制药测量技术 电工电子技术 制药设备机械基础 液压气动与传动 化工仪表及自动化 机械维修技术 制药设备 制药动力设备 典型生产工艺 电工实训 钳工实训	机修钳工（中级）、维修电工（中级）相关的特种作业证
	化工企业设备管理岗（工业备品备件管理岗位）	贯彻设备管理各项规章制度，制定设备维修计划和生产设施之维护保养管理工作；负责建立设备、模具台账统一编号，对日常设备、模具进行维修管理；根据生产实际情况，编制可行的维修计划，交相关人员对设备实施维修，确保生产能力和产品质量要求；负责建立设备技术资料档案，完善设备资料；负责编制设备安全操作规程，定期对操作工进行正确使用设备的宣传指导和培训；负责对设备、模具外购、外加工任务；负责指导生产部门、操作人员对设备正确使用、维护管理，督促操作者遵守有关生产设施、工装模具的使用要求；负责制定安全、文明生产等各项管理制度并进行监督检查	制药识图技术 制药测量技术 化工仪表及自动化 机械维修技术 制药设备 制药动力设备 制药设备机械基础 电工实训 钳工实训 综合实训 专业实训	机修钳工（高级）、维修电工（高级）相关的特种作业证

5. 化工设备维修技术（制药方向）专业就业面向岗位所需能力分析

表 2 – 4 课程模块与主要知识能力分析表

模块	分类	知识能力要求	课程组成
公共基础模块	学院公共基础	用毛泽东思想和邓小平理论分析问题、解决问题的能力 中国特色社会主义理论	毛泽东思想和中国特色社会主义理论体系概论
		具有基本的法律知识	思想道德修养与法律基础
		具有科学的形式与政策观，能全面准确地分析国内外形势，明辨是非，有坚定地走社会主义道路的信念	形式与政策
		科学掌握运动技巧，快乐体育，具有健康体魄	体育
		树立正确的形势观、政策观、荣辱观，增强社会责任感和使命感	形势与政策
		英语阅读、基本会话和翻译	英语
		计算机操作的基本知识，熟练运用常用软件的能力	计算机应用基础
	行业公共基础课	具有良好的社会公德和职业道德、正确的择业观念，职业生涯的规划	医药行业职业道德与就业指导
		树立安全意识，具备制药生产过程中基本的安全知识；具有药物生产过程事故防范和处能力	医药行业安全规范
		掌握医药行业卫生学的相关知识	医药行业卫生学基础
		掌握医药行业的法律、法规，规范日常操作	医药行业法律与法规
专业技术模块	专业基础技术	看懂常用制药设备装配图、工艺流程图和设备平面布置图；能够在生产中动手绘制图样	制药识图技术
		具备运用相关知识、手册正确地选择公差配合以及选用适当的量具进行技术测量的能力	制药测量技术
		了解通用设备、常用电器的种类及用途，熟悉电力拖动及控制原理基础知识，掌握安全用电知识	电工与电子技术

续表

模块	分类	知识能力要求	课程组成
专业技术模块	专业基础技术	掌握制药设备中主要设备的结构、功能；机械传动的一般知识；设备的维护、维修与管理；化工材料、化工腐蚀与防护等内容	制药设备机械基础
		掌握液压与气动元件、液压与气动典型基本回路的基本结构和工作原理与特点，并能合理地应用；能综合运用这些技术解决机电液联合控制问题	液压气动与传动
		掌握制药企业、化工企业生产过程检测仪表、过程控制仪表、自动控制仪表等系统的结构与工作原理、操作、维护	化工仪表与自动化
		掌握机械设备的保养、清洗、拆卸与维修等技能	机械维修技术
	专业核心技术	培养制药的工程能力，掌握工艺流程图、车间和工艺管路布置方法等，分析解决药厂工程技术的实际问题的能力	典型生产工艺
		掌握常用的制药设备的工作原理、性能特点、结构形式、调节方法、安全可靠性以及技术发展趋势等；具备简单制药设备的初步设计、技术参数选型、特性分析、维护和管理等能力	制药设备
		能对动力设备进行日常巡检、维修，保障其正常运转	制药动力设备
技能训练模块	岗位综合实训	掌握通用设备常用电器的种类及用途；电力拖动及控制原理基础知识；安全用电知识	电工实训
		具有钳工操作知识；工具、夹具、量具使用与维护知识；机械加工常用设备知识；金属切削常用刀具知识	钳工实训
		会对典型的制药设备进行正确的维护及保养	制药设备维护、保养实训
		了解常用制药动力设备的结构；懂得整套动力设备工作原理和润滑方法、调试方法；正确运用拆装工具和量具对其进行维修、维护与保养	动力设备综合实训

续表

模块	分类	知识能力要求	课程组成
技能训练模块	顶岗实习	理论联系实际，具备动手能力	顶岗实习
选修课模块	人文素养能力	提高社交能力，增强社会心理承受能力	大学生礼仪
		培养艺术欣赏能力，提高文化品位及审美素质	艺术欣赏
		将事务文书、行政公文、专业文书与演讲实务等表达规范、能力训练有机整合	应用文写作
	专业发展能力	培养运用计算机绘制工程图、生产流程图、车间布置图的能力	CAD
		能初步对制药车间的典型设备进行选型，并按照"5S"标准合理布置车间结构	设备选型与车间布置
		了解检测、传感、微机控制技术	机电一体化
	专业拓展能力	了解药厂的空气洁净技术及其对药品质量的影响	药厂空气洁净技术
		了解制冷设备的工作原理、构造、使用	制冷原理与设备
		了解供热的工作原理及系统设备	供热设备

（二）人才培养模式

天津市坚持政府主导和宏观调控作用，调动行业企业举办职业教育的积极性，动员全社会的力量共同参与职业教育。所以行业办学为主的管理体制、多元化的投资体制改革创新为实践工学结合职教模式提供了可靠的保证。为支持工学结合职教模式的逐步深化，使职业教育更加适应产业结构调整和市场经济发展，天津市先后制定了产教结合委员会的制度，加大企业参与学校管理的工作力度，形成校企合作的运行机制。在政府支持下以多种渠道建设实训基地，保证高职学生在学期间分别不少于一年和半年的岗位实习；培养"双师型"教师制度，要求一方面从企业引进一定数量的专业人才到学校任教，另一方面教师要定期到企业参加生产实践；优秀学生保送制度，把专业学习成绩和技能竞赛成绩优异的学生，保送到高一级学校深造，以保证优秀人才得到更高层次的发展。同时天津市教委又下发了《关于在我市高职院校中全面推行工学结合半工半读人才培养模式的试行意见》，强调高职院校推行"工学结合、半工半读"人才培养模式是教育教学组织和管理制度的一项重大改革。

1. 以就业为导向，加强专业建设

各职业院校普遍建立了校企结合的专业设置指导委员会，在工学结合实践中聘请企业、行业部门的高级管理、高级工程技术人员和教育专家担任专业建设委员会成员，参与学校的专业设置与培训计划的制定和实施的全过程，根据企业对人才规格的要求和社会经济发展的需求，紧盯经济发展走向，紧跟行业发展趋势，不断充实新门类、新工艺、新技术，以就业为导向来设置专业。把产业优势转变为专业优势，把专业优势通过教学环节具体实施变为教学优势，不断加强专业建设。在此基础上，校企双方共同制定培养方案，进行定单培养，增强对人才培养的针对性和适应性。

2. 以能力为本位，加强课程体系建设

制定工学结合教学计划时，体现"以服务为宗旨、以就业为导向、以能力为本位"的主导思想；充分发挥和利用企业的资源优势，寻求企业对专业教学在资金、设备、场地、师资以及社会影响等方面的支持，坚持校企双方共同参与实施；各个实践环节结合不同教学阶段的专业内容安排相应的实践活动，有条件的还建立企业冠名的特色班。

3. 以技能为中心，加强实训基地和师资队伍建设

工学结合职教模式以技能为中心，强化了职业教育的实训环节，既突出培养学生职业技能，又突出培养学生职业素质。教学活动以培养学生的综合职业能力为核心，实践教学变传统的模拟教学模式为真实的职业工作环境，强调教学的工作真实性和综合性，强调学生在亲身体验中养成职业能力。因此职业院校需要大量与专业对口的、工学结合的实训基地。

（三）课程体系

依据区域经济和企业发展岗位需求以及各校专业特色制定，并结合工作过程分解具体工作任务确定专项能力，找到相应支撑的知识体系，并根据该知识体系所依托的课程设置课程体系。围绕高素质技能型人才培养目标，综合考虑学生基本素质、职业能力与可持续发展能力培养，参照职业岗位任职要求，引入行业企业技术标准或规范，体现职业岗位群的任职要求、紧贴行业或产业领域的最新发展变化，并将职业素养培养贯穿于教学过程的始终。

表2-5 课程体系结构表

类型	序号	相关课程	备注
公共基础课程	1	军训	参照教育部有关文件执行
	2	专业入门	
	3	大学生心理健康	
	4	思想道德修养与法律基础	
	5	毛泽东思想与中国特色社会主义体系概论	
	6	形势与政策	
	7	英语	
	8	计算机应用基础	
	9	体育	
	10	医药行业安全规范	
	11	医药行业卫生学基础	
	12	医药行业法律与法规	
	13	医药行业职业道德与就业指导	
	14	医药行业社会实践	
专业基础课程	15	制药识图技术	据实际情况，一部分课程可在企业完成
	16	制药测量技术	
	17	电工与电子技术	
	18	制药设备机械基础	
	19	液压气动与传动	
	20	化工仪表及自动化	
	21	机械维修技术	
专业核心课程	22	典型生产工艺	根据实际情况，一部分课程可在一体化教室、企业共同完成
	23	制药设备	
	24	制药动力设备	

续表

类 型	序号	相关课程	备注
选修课程	25	大学生礼仪	根据实际情况，一部分课程可在实训基地完成
	26	艺术欣赏	
	27	应用文写作	
	28	Auto CAD	
	29	设备选型与车间布置	
	30	机电一体化	
	31	药厂空气洁净技术	
	32	制冷原理与设备	
	33	供热设备	
技能训练课程	34	电工实训	在实训基地和企业共同完成
	35	钳工实训	
	36	制药设备维护、保养实训	
	37	动力设备综合实训	
	38	专业综合顶岗实训	

三、学期安排、课程学习与技能提高

（一）学期安排

1. 第一、二学期

完成公共基础模块的教学。基础课程以"必需、够用"为度，以基本技能培养为目的，分为学院公共基础课、行业公共基础课和专业基础课，使学生具备较强学习能力和接受新技术的能力。依托校内外实训基地，通过企业认知实习，为培养学生化工设备维修技术的应用能力打基础。

第一学年的课程主要集中在公共基础模块，分为学院公共基础课程和行业公共基础课程。

学院公共基础课程主要有：大学生心理健康、思想道德修养与法律基础、毛泽东思想和中国特色社会主义理论体系概论、形式与政策、英语、计算机基础、体育等课程。学院公共基础课程的设置主要是使学生掌握大学生基本具有的基本能力和职业素养。

行业公共基础课程主要有：医药行业安全规范、医药行业卫生学基础、医药行业法律与法规、医药行业职业道德与就业指导、医药行业社会实践。通过这些课程的学习，掌握进入本行业应该具备的基本职业知识、能力和职业素养。

专业基础课程在第一学期会开设制药识图技术，第二学期会开设制药测量技术和电工与电子技术。

2. 第三、四学期

完成专业技术模块的学习，采取校内实训与校外实训相结合、校内一体化教室和校外企业生产车间相结合、校外实训和校内教学做一体分阶段交替进行的方式，完成制药企业设备维修、维护岗位，制药企业设备管理岗位，制药企业设备操作岗位职业能力的培养。

第二学年的必修课程模块分为专业技术模块和技能训练模块。专业技术模块课程分为专业基础课和专业核心课。专业基础课有：制药设备机械基础、液压气动与传动、化工仪表及自动化、机械维修技术。专业核心课有：典型生产工艺、制药设备、制药动力设备。专业技能训练模块中开设的岗位综合实训有：电工实训和钳工实训。

3. 第五、六学期

通过综合实训课程的学习，顶岗实习与就业岗位相结合，在对口岗位强化对化工设备维修能力的培养，实现专业教学与企业生产融合。教师与学生参与企业研发过程，企业技术骨干参与人才培养过程，学校老师和企业工程技术人员对学生共同指导、管理和考核，将诚信教育、爱岗敬业等职业道德与素质教育融入人才培养过程。

（二）主要课程简介

1. 必修课程

（1）公共基础模块

①学院公共基础课程

◆军训　新生入学即开展军训，军训的过程就是培养学生热爱祖国、建设祖国、保卫祖国，以其吃苦耐劳的坚强意志和品质，献身于我国社会主义事业的教育过程。通过训练，培养学生自强、热情、团结的意识；强化学生的组织纪律观念，倡导团结精神；通过检查评比和观摩活动，激励竞争意识。

◆**专业入门**　本课程教学内容分为四个模块：准备好，现在就出发；学技能，就业有实力；行业好，发展有潜力；素质强，创业有能力。通过本课程的学习，使学生对化工设备维修技术（制药方向）专业相关行业背景及发展和职业的岗位职责、工作要求、就业前景、发展空间及所应具备的条件等有详尽的认识和实际分析；指导学生进行职业生涯设计、职业选择的评估；使学生对未来三年的人才培养方案和所要学习的课程及实训安排有初步的认识和计划。

◆**大学生心理健康**　本课程以邓小平理论、"三个代表"重要思想为指导，深入贯彻落实科学发展观，坚持心理和谐的教育理念，对学生进行心理健康的基本知识、方法和意识的教育。其任务是提高学生的心理素质，帮助学生正确认识和处理成长、学习、生活和求职就业中遇到的心理行为问题，促进其身心全面和谐发展。帮助学生了解心理健康的基本知识，树立心理健康意识，掌握心理调适的方法。指导学生正确处理各种人际关系，学会合作与竞争，培养职业兴趣，提高应对挫折、求职就业、适应社会的能力。正确认识自我，学会有效学习，确立符合自身发展的积极生活目标，培养责任感、义务感和创新精神，养成自信、自律、敬业、乐群的心理品质，提高全体学生的心理健康水平和职业心理素质。

◆**思想道德修养与法律基础**　本课程是高校思想政治理论课的必修课程。该课程从当代大学生面临和关心的实际问题出发，以正确的人生观、价值观、道德观和法制观教育为主线，通过理论学习和实践体验，帮助大学生形成崇高的理想信念，弘扬伟大的爱国主义精神，确立正确的人生观和价值观，牢固树立社会主义荣辱观，培养良好的思想道德素质和法律素质，进一步提高分辨是非、善恶、美丑和加强自我修养的能力，为逐渐成为德、智、体、美全面发展的社会主义事业的合格建设者和可靠接班人，打下扎实的思想道德和法律基础。

◆**毛泽东思想和中国特色社会主义理论体系概论**　本课程是高校大学生必修的马克思主义理论课程。课程比较系统地论述了毛泽东思想、邓小平理论、"三个代表"重要思想和科学发展观的科学内涵、形成发展过程、科学体系、历史地位、指导意义、基本观点以及中国特色社会主义建设的路线、方针、政策。本课程的主要任务是通过学习，让当代大学生理解毛泽东思想和中国特色社会主义理论体系的基本知识与基本理论，树立建设中国特色社会主义的坚定信念，培养运用马克思主义的立场、观点和方法分析和解决问题的能力，增强在中国共产党领导下全面建设小康社会、加快推进社会主义现代化的自觉性和坚定性；引导大学生正确认识肩负的历史使命，努力成为德、智、体、美全面发展的中国特色社会主义事业的建设者和接班人。

◆形势与政策　本课程以邓小平理论和"三个代表"重要思想为指导，全面贯彻落实科学发展观，构建社会主义和谐社会的指导思想，紧密结合国内外政治经济形势的发展变化，结合大学生思想实际，针对国内外重大热点问题，进行引导教育，帮助大学生进一步树立正确的形势观、政策观、荣辱观，增强社会责任感和使命感，坚定在中国共产党领导下走中国特色社会主义道路的信心和决心，积极投身改革开放和现代化建设伟大事业。

◆英语　本课程是一门公共英语课程，注重语言基本技能的训练与培养学生使用能力相结合，使二者融为一体，并贯彻始终。听、说、读、写技能的培养有分有合，突出综合训练，做到"学为了用，学用结合"，把握"应用与应试"结合，"以应用为目的，实用为主，够用为度"的教学方向。

本课程教学内容以实用英语为基础，培养学生实际应用能力。使学生做到："听"懂对话及短文，并能完成对应练习；"说"出简单的与日常生活相关的话题；"读"懂篇幅适中的文章，在理解的基础上完成相关的练习；"写"出实用性作文，尽量避免语法错误，用词恰当；掌握相关的语法知识；通过高等学校英语应用能力 B 级考试。

◆计算机应用基础　本课程教学内容包括计算机基础知识、操作系统、汉字输入方法、中文 Word 的使用、中文 Excel 的使用、中文PowerPoint的使用、计算机网络与 Internet、计算机外部设备、常用工具软件。

通过本课程的教学，不仅让学生掌握计算机的基础知识，而且初步具有利用计算机分析问题、解决问题的意识与能力，提高学生的计算机素质，为将来应用计算机知识和技能解决专业实际问题打下基础；通过天津市高等职业教育计算机应用能力等级考试一级。

◆体育 本课程打破以竞技运动为内容、以身体素质和技能达标为目标的传统体育教学体系，确立以终身体育意识和运动技能为内容、以学生身心健康为目标的新型体育教学体系，改变单一课堂教学的狭隘模式，构建集课堂教学、课外锻炼、运动训练为一体的课内外一体化的课程教学新模式。教学方法突破长年沿袭的重视竞技运动技能教学的形式，转向根据普通大学生的身心特点和终身体育需求进行教学，创建新型的教学体系。根据学院学生人才培养方案，在教学过程中注重"工学结合"，全面推进学生素质教育，深化体育教学改革，树立"健康第一"的指导思想，以学生的心理活动为导向，面向全体学生，做到人人享有体育，人人都有进步，人人拥有健康。

②行业公共基础课程

◆医药行业安全规范 本课程教学内容包括医药行业防火、防爆、防毒，安全生产管理，医药行业电气安全管理和医药行业职工健康保护三方面的知识。通过本课程的学习，学生可以提高安全生产的意识并具备一定的安全防护和急救技能。

◆医药行业卫生学基础 本课程教学内容包括微生物基础知识、药品生产过程中卫生管理知识和要求、药品制造车间的洁净区作业知识以及医药行业常用的消毒灭菌技术。通过本课程的学习，使学生掌握 GMP 对制药卫生的具体要求和基本技能并具备药品生产企业的生产和卫生管理等能力；使学生具备运用消毒和灭菌技术对制药环境、车间、工艺、个人卫生进行管理的能力；培养学生养成遵纪守法、善于与人沟通合作、求实敬业的良好职业素质。

◆医药行业法律与法规 本课程面向全院各专业，采用宽基础，活模块的形式，教学内容包括基础项目和选学项目，通过本课程基础项目的学习使学生了解我国药事管理的体制和基本知识，了解我国医药行业的各类法律法规，并重点了解《药品生产质量管理规范》（GMP），《中药材生产质量管理规范》（GAP）、《药物非临床研究质量管理规范》（GLP）、《药品经营质量管理规范》（GSP）。学生可根据专业需要选择相应的选学项目进行学习，有针对性地对《药品生产质量管理规范》、《药物非临床研究质量管理规范》、《药品经营质量管理规范》进行系统的学习，为从事医药行业的各项药事工作奠定基础。

◆医药行业职业道德与就业指导　本课程教学内容包括医药行业企业认知、职业道德基本规范、医药行业职业道德规范及修养、职业生涯规划设计、中外大学生职业生涯规划对比、树立正确的就业观、求职准备、就业有关制度和法律等内容。通过认知医药行业企业的特点、强化医药行业职业道德规范的重要性，正确教育和引导学生职业生涯发展的自主意识，树立正确的择业观、就业观，促使大学生理性地规划自身未来，促进学生知识、能力、人格协调发展，达到学会做人、学会做事，把不断实现自身价值与为国家和社会做出贡献统一起来。

◆医药行业社会实践　本课程教学内容包括大学生社会实践概论、大学生社会实践类型及组织、大学生社会实践设计、大学生社会实践的常识和方法、大学生社会实践常用之书五个项目，为突出学生实践技能的培养与锻炼，每个项目都安排了实际演练题目，使大学生不仅掌握实践理论知识，更懂得如何将理论付诸实践。

大学生参加社会实践活动能够促进他们对社会的了解，提高自身对经济和社会发展现状的认识，实现书本知识和实践知识的更好结合，帮助他们其树立正确的世界观、人生观和价值观。也对未来能在任职岗位上发挥青年才智具有重大推动作用。在学生正式走上工作岗位之前，对学生进行社会实践教育是非常重要的。

（2）专业技术模块

①专业基础技术课程

◆制药识图技术　本课程通过对制图识图技术的学习，使学生在懂得专业知识的同时掌握一门技能。通过动脑动手的锻炼，体会工作状态，培养学生耐心、细心、专心、踏实的工作精神。教学中运用任务式布置的方法，提高学生的专注度、科学思维、指导实践的能力。本课程的学习可以给制药设备等后续课程奠定基础。我国对制药类各工种从业人员具有的制图、识图能力有明确的规定，因此本课程的学习是学生走上工作岗位的必修课程。学生主要学习化工设备图、工艺流程图的绘制及识图。

◆制药测量技术　本课程阐述最新国标的组成与主要内容，同时该课程又是一门实践性很强的技术技能课程，要求学生掌握生产一线上一般的计量手段和仪器的工作原理，还要求学生通过实验会判断零件合格与否。它为学生进一步学习专业课程提供必备的基础。本课程的作用是通过本课程的理论学习和实际操作，培养学生具备运用相关知识、手册正确地选用适当的量具进行技术测量的能力。通过本课程的学习，为学习专业核心知识打下良好的基础。

◆电工与电子技术　主要讲授电工与电子学必要的基本理论、基本知识和基本技能，了解电工电子事业发展的概况。使学生能正确使用常用电工电子仪器仪表。具备电工、电子材料、元器件的选用能力和电气图的读图、安装、调试和排除故障能力；具有查阅手册、产品说明书、产品目录等资料的能力；具有简单电工、电子产品的制作能力。

◆制药设备机械基础　本课程以化工类工厂一线生产操作人员应该具备的化工设备知识和能力为出发点，对化工设备机械基础知识进行整合，重点介绍了化工装置中主要设备的结构、功能；机械传动的一般知识；化工设备的维护、维修与管理；化工材料、化工腐蚀与防护等内容。

◆液压气动与传动　主要讲授各种液压和气动元件的工作原理、特点、应用和选用方法，熟悉各类液压与气动基本回路的功用，组成和应用场合。掌握液压与气动元件、液压与气动典型基本回路的基本结构和工作原理与特点，并能合理地应用。在掌握液压与气压传动、电气控制和PLC控制知识基础上，对相关系统具有初步的分析与应用能力，并能综合运用这些技术解决机电液联合控制问题，为今后进一步应用这些技术打好基础。

◆化工仪表及自动化　该课程主要包括两方面：化工检测仪表，工业生产过程中的压力、流量、物位、温度的检测原理及相应的仪表结构，常用的显示仪表；另一方面教授化工自动化基础，工业生产过程中的自动控制系统方面的知识，构成自动控制系统的被控对象、控制仪表及装置，简单、复杂控制系统，高级控制系统与计算机控制系统，典型化工单元操作的控制方案。

◆机械维修技术　该课程主要讲授机械设备修理前的准备、机械零部件的测绘与维修、机械零部件的修复工艺、机械设备零部件的装配、卧式车床的修理工艺、数控机床的维修及设备维护保养规则等。

②专业核心技术课程

◆典型生产工艺　该课程是综合应用化学系列、生物系列、机械设备与工程单元操作等课程的专门知识，深化理解并掌握工艺原理，充分考虑药品的特殊性，针对生产条件、所需环境等的具体要求，研究药物制造原理、工艺路线与过程优化、中试放大、生产技术与质量控制，从而分析和解决生产过程中的实际问题。

◆制药设备　主要包括制药设备及技术的基本知识、原料药反应过程设备、药物的分离提取设备、药物制剂生产设备以及制药过程辅助设备等，涵盖了制药技术工业化生产的全部关键单元操作和设备。本课程的特点是以制药工业生产工艺流程为主线，重点介绍设备的结构、工作原理、优缺点及适用范围。

◆制药动力设备　介绍制药厂主要使用的动力设备——泵和风机的分类、构造、性能、运行、保养、拆装及故障排除。

（3）技能训练模块

①岗位综合实训

◆电工实训　重点对电工基础、线路与电器进行实际操作，通过实训取得维修电工初级等级证书。

◆钳工实训　通过钳工实训，使学生掌握划线、錾削、锯切、锉削、攻螺纹、套螺纹、刮削、研磨等基本操作，熟练运用各种钳工工具设备，通过实训取得钳工中级等级证书。

◆制药设备维护、保养实训　通过该实训使学生能掌握常见制药设备的维护与保养的核心技能。

◆动力设备综合实训　学习泵、风机的拆装。

②顶岗实习

◆专业综合顶岗实训　根据专业定位并结合就业，学生在与专业相关的岗位上进行实习。通过实习进一步强化制药设备维修、药厂设备管理、药品生产、GMP硬件实务、制药设备自动控制等基本技能。撰写毕业论文，进行毕业设计，完成毕业论文答辩。

2. 选修课程

每模块选修1门课程。

（1）人文素养模块

◆大学生礼仪　本课程是为了普及大学生礼仪教育，践行基本的社会道德，增强社会竞争力而开设的一门公选课程。针对当代社会主流价值观对人才素质的需求标准，指导学生学习礼仪知识、掌握交往技巧、积累交往经验，介绍生活中礼仪和名人处世修身的轶事，从仪表、着装等方面指导大学生塑造良好的社交形象，通过礼仪教育，提高大学生的社交能力，增强大学生的社会心理承受能力，去塑造自身良好的形象，从而不断提高大学生的社会化程度。

◆艺术欣赏　本课程的教学目的与任务是：坚持以马克思主义为指导，贯彻理论联系实际的原则，通过艺术知识的传授，特别是通过作品的赏析，培养学生艺术欣赏能力，提高文化品位及学生的审美素质。教学内容包括艺术欣赏引论、建筑艺术欣赏、绘画艺术欣赏、雕塑艺术欣赏、工艺美术欣赏、书法艺术欣赏、音乐艺术欣赏、舞蹈艺术欣赏、戏剧艺术欣赏、戏曲艺术欣赏、摄影艺术欣赏、电影艺术欣赏等。

◆应用文写作　本课程努力适应当今时代对语言交际能力的高效、便捷、严谨、实用的要求，注重"文面"与"人面"结合，在"应用写作"等课程的基础上，将事务文书、行政公文、专业文书与演讲实务等表达规范、能力训练有机整合，融入学生的专业体验。充分体现基础与应用衔接，通用与专业结合，事务与公务兼容；以语文写作为基础，以国家标准、专业规范为依据，以严谨、科学训练为手段，以优劣文案为参照，以实际应用为目的。

（2）专业发展模块

◆Auto CAD 本课程是一门计算机应用与机械制图相结合的技术基础课，是工程设计与图形学领域的新学科，通过本课程的学习，培养学生运用计算机绘制工程图样的能力。

◆设备选型与车间布置 该课程是一门研究制药工程车间设计原理与方法，归纳总结药物制剂车间 GMP 设计原则与规范，以及涉及相关专业设备的基本构造、工作原理、使用和维修方法的一门应用性工程学科。通过本课程教学，使学生树立工程观点，能够掌握制剂生产车间 GMP 设计的基本要求和主要设备的构造原理，从而为正确、安全使用和合理选择制药设备，并能够为药品生产车间设计提出符合 GMP 要求的条件奠定基础。

◆机电一体化 本课程从机械电子结合的角度介绍机电一体化的主要研究内容及应用领域、机电一体化系统的构成、典型产品分析、机电一体化系统的设计等内容。使学生了解和掌握机电一体化的重要实质。

（3）专业拓展模块

◆药厂洁净技术 了解空气洁净技术对药品质量的影响；现代制药企业空气净化的基本措施，空调净化系统的安装、运行及维护等。

◆制冷原理与设备 制冷的基本原理，制冷设备的基本原理、构造、安装、调试、运用及维修。

◆供热设备 主要讲授锅炉原理及系统设备。

（三）学习方法

从中学到大学，是人生的重大转折，大学生活的重要特点表现在：生活上要自理，学习上要求高度自觉。尤其是学习的内容、方法和要求上，比起中学的学习发生了很大的变化。要想真正学到知识和本领，除了继续发扬勤奋刻苦的学习精神外，还要适应大学的教学规律，掌握大学的学习特点，选择适合自己的学习方法。大学的学习既要求我们掌握比较深厚的基础理论和专业知识，还要求重视各种能力的培养。我们除了扎扎实实掌握书本知识之外，还要培养研究和解决问题的能力。因此，我们要特别注意自学能力的培养，学会独立地支配学习时间，自觉地、主动地、生动活泼地学习，还要注意思维能力、创造能力、组织管理能力、表达能力的培养，为将来适应社会工作打下良好的基础。

大学三年的时间其实是很短暂的，所以我们应该好好珍惜这段时间，充分利用时间，认真学习，努力使自己的大学生活过得充实。在大学里，虽然各种各样的活动很多，但我们的主要任务还是学习，所以在时间安排上我们必须处理好。那么我们应该怎样学才能学得既好又轻松呢。

首先，我们应该端正自己的学习态度。学习知识是为了提高我们自身的价值，而不是为了他人而学习。在学习中，难免会遇到这样或那样的困难，但是我们不能灰心，应该保持一种积极向上的乐观的态度。我们不能一味地只看重分数，只注重结果而不去管过程，这样到头来是欺骗了我们自己，所以我们要以一颗平常心来看待一切。

其次，我们要掌握正确的学习方法。学习方法是提高学习效率，达到学习目的的手段。钱伟长曾对大学生说过：一个青年人不但要用功学习，而且要有好的科学的学习方法。要勤于思考，多想问题，不要靠死记硬背。学习方法对头，往往能收到事半功倍的成效。在大学学习中我们要把握住的几个主要环节是：预习、听课、复习、总结、记笔记、做作业、考试等，这些环节把握好了，就能为进一步获取知识打下良好的基础。

（1）预习时要把不理解的问题记下来，听课时才能增加求知的针对性，既节省学习时间，又能提高听课效率，是学习中非常重要的环节。

（2）听课时要集中精力，全神贯注，对老师强调的要点、难点和独到的见解，要认真做好笔记。课堂上力争弄懂老师所讲内容，经过认真思考，消化吸收，变成自己的东西。

（3）课后及时复习，是巩固所学知识必不可少的一环。复习中要认真整理课堂笔记，对照课本和参考书，进行归纳和补充，并把多余的部分删掉。每过一个阶段要进行一次总结，以融会贯通所学知识，温故而知新，形成自己的思路，把握所学知识的来龙去脉，使所学知识更加完整、系统。

（4）要独立完成作业。做作业是巩固、消化知识，要做到举一反三、触类旁通，养成良好习惯。

（5）对考试要有正确态度，不作弊，不单纯追求高分，要把考试作为检验自己学习效果和培养独立解决问题能力的演练，起到及时找出薄弱环节，加以弥补的作用。

第三，要善于进行自我时间管理。比如，准备一个本子，将每天要做的事情罗列在上面；将要阅读的书籍罗列在上面，做到有计划，才会将来有实施；将平时所感所想记在上面，以备将来总结之用。总之，时间管理要求同学们目标具体且有计划性，抓住零散时间做好每一件事。

最后注重实践操作，加强动手能力的培养。化工设备维修技术（制药方向）专业中有很多实际操作很强的课程。在实训过程中我们应严格规范操作，这样就要求同学们在今后的学习中不仅要重视每次的实训机会，多观察、多思考、多提问、多动手操作，而且要珍惜每次到企业实习的经历，感受真实的工作环境，在做中学，在学中做，不断提高自己的专业技术水平和专业技能。通过实训，不仅能够帮助同学们加深基本理论知识的理解和掌握，而且能培养观察、思维能力、动手操作能力和创造能力。要做到规范操作，首先要提前预习，将操作步骤牢记，再抓住每一步的关键，并在每个实训步骤中严格按照规范操作，这样才可以收到好的实训效果；其次，注意观察老师如何操作，看老师示范的过程；最后，要注意实训过程的安全性，并认真记录，总结和反思自己的实训操作过程和结果，并进行讨论。

在学习中抓住这几个基本环节进行思考，在理解的基础上进行记忆，及时消化和吸收。经过不断思考，不断消化，不断加深理解，这样得到的知识和能力才是扎实的。

知识链接

大学生应该如何学习

积极主动：果断负责，创造机遇。

创立"开复学生网"时，我的初衷是"帮助学生帮助自己"，但让我很惊讶的是，更多的学生希望我直接帮他们做出决定，甚至仅在简短的几句自我介绍后就直接对我说:"只有你能告诉我,我该怎么做。"难道一个陌生人会比你更知道自己该怎么做吗?我慢慢认识到,这种被动的思维方式是从小在中国的教育环境中培养出来的。被动的人总是习惯性地认为他们现在的境况是他人和环境造成的,如果别人不指点,环境不改变,自己就只有消极地生活下去。持有这种态度的人,事业还没有开始,自己就已经被击败,我从来没见过这样消极的人可以取得持续的成功。

从大学的第一天开始,你就必须从被动转向主动,你必须成为自己未来的主人,你必须积极地管理自己的学业和将来的事业,理由很简单:因为没有人比你更在乎你自己的工作与生活。"让大学生活对自己有价值"是你的责任。许多同学到了大四才开始做人生和职业规划,而一个主动的学生应该从进入大学时就开始规划自己的未来。

积极主动的第一步是要有积极的态度。大家可以用我在"第三封信"里推荐的方法,积极规划自己的人生目标,追寻兴趣并尝试新的知识和领域。

积极主动的第二步是对自己的一切负责,勇敢面对人生。不要把不确定的或困难的事情一味搁置起来。比如说,有些同学认为英语重要,但学校不考试就不学英语;或者,有些同学觉得自己需要参加社团磨炼人际关系,但是因为害羞就不积极报名。但是,我们必须认识到,不去解决也是一种解决,不做决定也是一个决定,这样的解决和决定将使你面前的机会丧失殆尽。对于这种消极、胆怯的作风,你终有一天会付出代价的。

积极主动的第三步是要做好充分的准备。事事用心,事事尽力,不要等机遇上门;要把握住机遇,创造机遇。朱清时院士在大三时被分配到青海做铸造工人,但他不像其他同学那样放弃学习,整天打扑克、喝酒。他依然终日钻研数理化和英语。六年后,中国科学院要在青海做一个重要的项目,这时朱校长就脱颖而出,开始了他辉煌的事业。很多人可能说他运气好,被分配到缺乏人才的青海,才有这机会。但是,如果他没有努力学习,也无法抓住这个机遇。所以,做好充分的准备,当机遇来临时,你才能抓住它。

积极主动的第四步是"以终为始"，积极地规划大学四年。任何规划都将成为你某个阶段的终点，也将成为你下一个阶段的起点，而你的志向和兴趣将为你提供方向和动力。如果不知道自己的志向和兴趣，你应该马上做一个发掘志向和兴趣的计划；如果不知道毕业后要做什么，你应该马上制定一个尝试新领域的计划；如果不知道自己最欠缺什么，你应该马上写一份简历，找你的老师、朋友打分，或自己审阅，看看哪里需要改进；如果毕业后想出国读博士，你应该想想如何让自己在申请出国前有具体的研究经验和学术论文；如果毕业后想进入某个公司工作，你应该收集该公司的招聘广告，以便和你自己的履历对比，看自己还欠缺哪些经验。只要认真制定、管理、评估和调整自己的人生规划，你就会离自己的目标越来越近。

掌控时间：事分轻重缓急，人应自控自觉。

除了积极主动的态度，大学生还要学会安排自己的时间，管理自己的事务。一位同学是这么描述大学生活的：

大学和高中相比似乎没有什么太大的区别，每天依旧是学习，每次考试后依旧是担心考试成绩……不同的只是大学里上网的时间和睡觉的时间多了很多，压力也小了很多。

这位同学并不明白，"时间多了很多"正是大学与高中之间巨大的差别。时间多了，就需要自己安排时间、计划时间、管理时间。

安排时间除了做一个时间表外，更重要的是"事分轻重缓急"。在《高效能人士的七个习惯》一书中，作者史蒂芬·柯维提出，"重要事"和"紧急事"的差别是人们浪费时间的最大理由之一。因为人的惯性是先做最紧急的事，但这么做会导致一些重要的事被荒废掉。例如，我认为这篇文章里谈到的各种学习都是"重要的"，但它们不见得都是老师布置的必修课业，采纳我的建议的同学们依然会因为考试、交作业等紧急的事情而荒废了打好基础、学习做人等重要的事情。因此，每天管理时间的一种好方法是，早上确定今天要做的紧急事和重要事，睡前回顾一下，这一天有没有做到两者的平衡。

每个人都有许多"紧急事"和"重要事"，想把每件事都做到最好是不切实际的。我建议大家把"必须做的事"和"尽量做的事"分开。必须做的事要做到最好，但尽量做的事尽力而为即可。建议大家用良好的态度和宽广的胸怀接受那些你暂时不能改变的事情，多关注那些你能够改变的事情。此外，还要注意生物钟的运行规律，按时作息，劳逸结合，这样才能在学习时有最好的状态。

大学四年是最容易迷失方向的时期。大学生必须有自控的能力，让自己交些好朋友，学些好习惯，不要沉迷于对自己无益的习惯（如网络游戏）里。一位积极、主动的中国学生在"开复学生网"上劝告其他同学："不要玩游戏，至少不要玩网络游戏。我所认识的专业水平比较高的大学朋友中没有一个玩网络游戏的。沉迷于网络游戏是对于现实的逃避，是不愿面对自己不足的一面。我认为，要脱离网络游戏，就得珍惜自己宝贵的大学时间，找到自己感兴趣的方向，做一些有意义并能给自己带来满足感的事情。"

为人处世：培养友情，参与群体。

很多大学生入校时都是第一次离开父母，离开自己生长的环境。进入校园开始集体生活后，如何与同学、朋友以及社团的同事相处就成为了大学生学习内容的一部分。大学是大家最后一次可以在相对宽松的环境中学习、培养、训练如何与人相处的机会。在未来，在社会里、在工作中与人相处的能力会变得越来越重要，甚至超过了工作本身。所以，大学生要好好把握机会，培养自己的交流意识和团队精神。

"人际交往能力不够强，人际圈子不够广，但又没有什么特长可以引起大家的注意，在社团里也不知道怎么和其他人有效地建立联系。"这是一些大学生在人际交往方面经常遇到的困惑。对于如何在大学期间提高人际交往能力，我的建议是：

第一，以诚待人，以责人之心责己、以恕己之心恕人。对别人要抱着诚挚、宽容的胸襟，对自己要怀着自我批评、有过必改的态度。与人交往时，你怎样对待别人，别人也会怎样对待你。这就好比照镜子一样，你自己的表情和态度，可以从他人对你流露出的表情和态度中一览无遗。你若以诚待人，别人也会以诚待你。你若敌视别人，别人也会敌视你。最真挚的友情和最难解的仇恨都是由这种"反射"原理逐步造成的。因此，当你想修正别人时，你应该先修正自己。你想别人怎么对你，你就应该怎么对人。你想他人理解你，你就要首先理解他人。

第二，培养真正的友情。如果能做到第一点，很多大学时的朋友就会成为你一辈子的知己。在一起求学和寻求自身发展的道路上，这样的友谊弥足珍贵。交朋友时，不要只去找与你性情相近或只会附和你的人做朋友。好朋友有很多种：乐观的朋友、智慧的朋友、脚踏实地的朋友、幽默风趣的朋友、激励你上进的朋友、提升你能力的朋友、帮你了解自己的朋友、对你说实话的朋友等。此外，大学时谈恋爱也可以教你如何照顾别人，增进同理心和自控力，但恋爱这件事要随缘，不必为了谈恋爱而谈恋爱。

第三，学习团队精神和沟通能力。社团是微观的社会，参与社团是步入社会前最好的磨炼。在社团中，可以培养团队合作的能力和领导才能，也可以发挥你的专业特长。但更重要的是，你要做一个诚心诚意的服务者和志愿者，或在担任学生工作时主动扮演同学和老师之间沟通桥梁的角色，并以此锻炼自己的沟通能力，为同学和老师服务。这样的学习过程也不会很轻松，挫折是肯定有的，但是不要灰心，大学社团里的人际交往是一种不用"付学费"的学习，犯了错误也可以重头来过。

第四，从周围的人身上学习。在班级里、社团中，多观察周围的同学，特别是那些你觉得交往能力和沟通能力特别强的同学，看他们是如何与人相处的。比如，看他们如何处理交往中的冲突、如何说服他人和影响他人、如何发挥自己的合作和协调能力、如何表达对他人的尊重和真诚、如何表示赞许或反对，如何在不冒犯他人的情况下充分展示个性等等。通过观察和模仿，你会渐渐地发现，自己的人际交往能力会有意想不到的改进。在学校里，每一个朋友都可以成为你的良师，他们的热心、幽默、机智、博学、正直、沟通、礼貌等品德都可以成为你的学习对象。同时那些你不喜欢的人和事也可以为你敲响警钟，警告你千万不要做那样的人和事。当然，你也应当慷慨地帮助每一个朋友，试着做他们的良师和模范。

第五，提高自身修养和人格魅力。如果觉得没有特长、没有爱好可能会成为自己人际交往能力提高的一个障碍，那么，你可以有意识地去选择和培养一些兴趣爱好。共同的兴趣和爱好也是你与朋友建立深厚感情的途径之一。很多在事业上有所建树的人都不是只会闭门苦读的书呆子，他们大多都有自己的兴趣和爱好。我在微软亚洲研究院的同事中就有绘画、桥牌和体育运动方面的高手。业余爱好不仅是人际交往的一种方式，还可以让大家发掘出自己在读书以外的潜能。例如，体育锻炼既可以发挥你的运动潜能，也可以培养你的团队合作精神。如果真的没有什么兴趣爱好，那么，多读些好书丰富自己的知识也可以改进自己的人际交往能力，因为没有什么比智慧和渊博更能体现一个人的人格魅力了。

所以，学会与人相处，这也是大学中的一门"必修课"。

对大学生们的期望：

踏入大学校门时，你还是一个忙碌的、青涩的、被动的、为分数读书的、被家庭保护着的中学毕业生。

就读大学时，你应当掌握七项学习，学好自修之道、基础知识、实践贯通、兴趣培养、积极主动、掌控时间、为人处世。

经过大学四年，你会从思考中确立自我，从学习中寻求真理，从独立中体验自主，从计划中把握时间，从交流中锻炼表达，从交友中品味成熟，从实践中赢得价值，从兴趣中攫取快乐，从追求中获得力量。

离开大学时，只要做到了这些，你最大的收获将是"对什么都可以拥有的自信和渴望"。你就能成为一个有潜力、有思想、有价值、有前途的中国未来的主人翁。

所以，我认为大学四年应是这样度过。

（摘自开复学生网）

测一测

你的自学能力如何？

下面20道题目，根据你的情况选择"能"、"有时能"或"不能"（或"有"、"有时有"、"没有"）。

1. 你能每天在课余时间学习1小时吗？

2. 你每天有浏览报刊的习惯吗？

3. 你每天能坚持阅读5000字吗？

4. 你在影戏开演之前、车船到来之前，有阅读书报的习惯吗？

5. 你有记读书笔记或读书卡片的习惯吗？

6. 你有剪贴报刊资料的习惯吗？

7. 你有睡觉之前检查一天学习情况的习惯吗？

8. 如果你一天中没有学习，有一种遗憾的感觉吗？

9. 你有每月拿出生活费的百分之几购买图书、订阅报刊吗？

10. 你有同朋友交谈自学体会的习惯吗？

11. 你有博览百科知识的嗜好吗？

12. 你有给报刊投稿的习惯吗？

13. 你常听学术报告吗？

14. 你学有专长吗？

15. 你参加业余学校学习吗？

16. 你能在三年内使自己的学识水平从高中提高到大学吗？

17. 你有自测自学效果的习惯吗？

18. 你参加过有关单位组织的自学考试吗？

19. 你有尽可能早地终止那些毫无收益的活动吗？

20. 你有一年的学习计划吗？

回答"能"或"有"得5分，回答"有时能"或"有时有"得3分，回答"不能"或"没有"得 0 分。计算你的总分（　　）。

总分大于 80 分的人，自学能力很强。

总分 70~80 分的人，自学能力良好。

总分 60~70 分的人，自学能力一般。

总分小于 60 分的人，自学能力较差。

你的学习方法正确吗?

请对下列各题做出"是"或"否"的回答。

1. 准备考试时，我先写好各道复习题的答案全文（或抄别人的），然后把它背熟，以便考试时能全部默写出来。

2. 在某些主要学科或某一门学科中，我认为特别重要的或特别难学的章节，我总争取预习（在课前或前一晚上）。

3. 我平时没有订什么学习计划，即使是寒暑假期间或复习迎考阶段也是这样。

4. 阅读课本或其他读物时，我自己很少用红蓝笔或其他笔划线、做记号。

5. 每天晚上我复习当天功课并完成当天作业都已经来不及了，所以第二天的功课我一般都不预习。

6. 在寒暑假期间，我常常要制定一个学习计划并努力按计划去学点新知识。

7. 在背诵课文时，我常常在诵读几遍后开始试背，然后再打开书诵读几遍，再试背，也就是让诵读和背诵交替进行。

8. 我常常把一些我认为写得好的文章（包括语文课本中的课文）反复诵读。

9. 学习时，我时常把教材内容分解为若干部分或若干要点。

10. 上课时，我尽力想象老师所讲的某些内容。

11. 我一般是没有先复习功课，就动手做作业。

12. 学习时，我偏重于理解，不大重视记忆，以致有些重要的定义、定理、公式、结论，我能理解却记不熟。

13. 做作业时碰到难题，我常常找其他人帮助解决，免得自己花太多时间去琢磨。

14. 写文章或做问答题时，我常常先列出大纲或要点（同时还对列出的要点进行增删），然后才下笔。

15. 我尽量做到当天的功课当天复习并做完作业。

16. 我重在平时复习，考试前夕倒不怎么紧张，有时反而去玩一玩，让头脑休息休息。

17. 我平时没有时间去复习每门功课，一般都是老师要考哪一科时我才去复习哪一科。

18. 我喜欢独立学习、独立思考，但遇到问题时也喜欢和同学一起讨论。

19. 听老师讲解一种知识时，我自己往往还联想起与此有关的一些知识或事例。

20. 读物理、化学时，我很重视书上说的各种实验，尽力想象实验进行的实际情景。

21. 学习时，我经常把新材料和已有的知识经验联系起来。

22. 学习比较抽象的材料时，我总是努力联系实际，或举出一些具体的例子去说明它。

23. 听课时，我往往把不理解的或联想起来困难的问题记下，以便课后进一步思考、弄清。

24. 由于种种原因，我很难每天在固定的时间开始做功课。

25. 学习各门功课时，我不单用头脑想，只要可能，我总是动手去试做一下。

26. 听老师讲课时，我总喜欢动笔记一些要点、纲要。

27. 在回答问题时，我喜欢根据自己的理解，用自己的话去回答，很少硬背书本上的字句。

28. 我认为学习时能记住概念、定理、公式、结论就可以了，至于它们是怎么产生的，我往往不够重视。

29. 考试时，我总是先把考题看一遍，把容易做的或得分多的题目先做了，把难做的题目留到最后去想。

30. 在准备考试时，我常常根据书本写出各道复习题的答案要点（不是全文）。

31. 发回的卷子或作业，如果有做错的，我总要弄清楚为什么错了，并且重新做对。

32. 我极少运用参考书和辞典。

33. 在复习功课时，我喜欢把详尽的材料变成简要的提纲，以便更好地记住。

34. 我常常把学到的各种知识进行比较，发现它们之间的异同和联系。

35. 在准备考试时，我不是系统、全面地复习，而是猜想老师可能出什么题，然后有重点地复习一些内容。

36. 复习功课时，我常常把学过的知识列成表或画成图，借以揭示各种知识（如各种概念、定理、公式、事物的特性等）的区别和联系。

评分规则：

题目分两种类型，一种从正面阐述问题，一种从反面阐述问题。第3、4、5、11、12、13、17、24、28、32、35 题为反向题目，这些题目选择"是"记0分，选择"否"记1分；其他题目为正向题目，选择"是"记1分，选择"否"记0分。将各题得分相加，得到总分。

你的总分是：_____

总分在 0~36 分之间，分数越高说明你的学习方法越好，反之则表示你的学习方法不够正确，适当的调整势在必行。

（四）成绩评价

化工设备维修技术（制药方向）专业的成绩评价有别于传统的考试考查方法，采用阶段评价、目标评价、项目评价、理论与实践一体化评价模式。注重过程评价，弱化评价的选拔性、鉴别性，强化评价的引导性、激励性，充分调动学生学习的积极性，主动性，强化学生终身学习的理念，促进学生的可持续发展。

实现评价主体多元化，学生、教师、企业人员等共同参与学生的评价，促进学生个性发展。可采用课堂提问、学生作业、平时测验、实验实训、技能竞赛及考试情况，综合评价学生成绩。

打破一考定优劣的评价方式，按照高职学生的认知特点，根据学科特性，采用多样化的评价方式，培养和提高学生的创新精神，使学生在成长过程中不断体验进步与成功，使他们的潜在优势得到充分发挥，最终实现全面发展。

工学结合，校企合作，将企业岗位职业技能的要求和考核评价方式，纳入职业技能课程学生评价体系，对学生的职业意识、职业素质、职业技能进行全面评价，提高学生的职业适应能力，为企业选材、用材打下良好的基础。

将岗位技能培训与考核的内容融于日常的教学中，第五、六学期分别进行中、高级工的考核。理论知识考试采用闭卷笔试或口试方式，技能操作考核采用现场实际操作方式；论文（报告）采用专家审评方式。考试成绩均实行百分制，成绩达 60 分为合格。

四、推荐专业入门书籍及网络资源

1.《机泵维修钳工》

作者：中国石化集团公司职业技能鉴定指导中心。

出版社：中国石化出版社。

出版时间：2006 年 9 月。

内容简介：《机泵维修钳工》为《职业技能鉴定国家题库石化分库试题选编》丛书之一，由中国石油化工集团公司职业技能鉴定指导中心按照《国家职业标准》和《职业技能鉴定国家题库开发技术规程》组织编写。内容包括：机泵维修钳工初级工、中级工、高级工、技师和高级技师的石油化工行业职业标准，鉴定要素细目表，理论知识试题和技能操作试题，是机泵维修钳工进行职业技能鉴定的必备学习资料。

2.《往复式空气压缩机操作维修指南》

作者：田景亮。

出版社：辽宁科学技术出版社。

出版时间：2010 年 3 月。

内容简介：《往复式空气压缩机操作维修指南》主要阐述了往复式空

气压缩机的基本构造和操作方法，并重点介绍了各种常见故障的分析和处理。另外，鉴于压缩机的类别和型号特别繁多，《往复式空气压缩机操作维修指南》很难做一一详细介绍。为了扩大读者的知识面，更好地为现场服务，《往复式空气压缩机操作维修指南》在附录中还对各种压缩机的型号、性能及主要压缩机的故障处理做了重点介绍。

3. 《风机及系统运行与维修问答》

作者：中国机制工程学会设备与维修工程分会，机械设备维修问答丛书编委会。

出版社：机械工业出版社。

出版时间：2004 年 7 月。

内容简介：本书是机械设备维修问答丛书中的一本。由中国机械工程学会设备与维修工程分会组织编写。

本书主要针对风机及系统机组设备，包括离心式、轴流式压缩机及其配套的汽轮机、变速器、电动发电机、能量回收透平机，辅助系统如动力油系统、控制油系统、润滑油系统、冷凝器系统等，在基础、设备开箱验收、安装、试运行、调试、试验、工程验收、移交，以及生产使用与维护、故障排除、节能、降噪等方面进行介绍。同时涉及自动化控制系统、气动设计方面内容。

本书是作者实际经验的总结，实用性、可操作性较强。

4. 《风机维修手册》

作者：邵泽波、王海波等。

出版社：化学工业出版社。

出版时间：2010 年 2 月

内容简介：本书分别介绍了风机的类型、主要性能参数及选择，风机状态监测与转子平衡检验，风机的噪声与噪声控制，重点介绍了离心式、轴流式、罗茨式等风机的安装、运行、维护与检修、故障诊断及处理等内容。

本书内容力求简明实用，并收入了相应的最新标准，可作为工程技术人员和技术工人的工具书，也可供大专院校相关专业师生学习参考。

5.《压缩机维修手册》

作者：周国良。

出版社：化学工业出版社。

出版时间：2010 年 4 月。

内容简介：本书介绍了常用压缩机的特点、结构组成、工作过程、操作、运行维护、安装与拆卸、检修、试车与验收及常见故障现象、原因的判断与处理方法等内容，突出了维护检修的具体步骤、内容和方法。

本书可供从事压缩机操作及检修的技术人员及相关人员参考使用。

6.《离心式压缩机技术问答》（第二版）

作者：王书敏、何可禹。

出版社：中国石化出版社。

出版时间：2006 年 5 月。

内容简介：本书以问答形式，介绍了离心式压缩机的结构特点、工作原理和操作维护知识；并结合生产运行和维修工作的实践经验，提出了排除设备隐患、稳定机组运行的技术性、管理性措施。机组的检修内容、施工程序和方法以及检修质量的控制标准，也做了全面的介绍。本书内容通俗易懂、实用性强，对搞好机组的安全运行、日常维护和科学检修等工作均具有指导意义。

7.《压缩机维修问答》

作者：中国机械工程学会设备与维修工程分会，机械设备维修问答丛书编委会。

出版社：机械工业出版社。

出版时间：2010 年 11 月。

内容简介：本书是机械设备维修问答丛书中的一本，由中国机械工程学会设备与维修工程分会组织编写。

介绍国内外压缩机技术的现状与发展，压缩机维修、安装必备的基本知识，活塞压缩机的结构、使用与维修、故障分析与排除、安装与调试，离心压缩机的结构、使用与维修，单螺杆压缩机的结构、使用、安装、故障排除与维护，其他形式压缩机的结构、使用与故障排除及压缩空气的干燥与净化，空气压缩机的易损零件及制造工艺，压缩机操作规程及技术规格，压缩机维修改造及新技术，附录给出压缩机产品名称、技术参数、驱动机及厂家企业名录，国内外压缩机油对照表。

本书取材广泛，浅显易懂，针对性强。

8.《制冷与空调设备安装及维修》

作者：辜小兵。

出版社：科学出版社。

出版时间：2011 年 9 月。

内容简介：本书为职业教育项目式教学教材，内容包括制冷系统管道的加工、焊接技术、国家大赛指定的安装调试、家用冰箱和空调器的认识、选择、拆装和维修、上门服务规范。同时介绍了汽车空调、中央空调和冷冻库等制冷设备的应用、维护和保养。

本书可供中职学校制冷和空调设备运行与维修相关专业及相关职业培训教学、鉴定使用，也可供相关行业初、中级工自学使用。

9.《五金手册》

作者：赵海霞、刘光启。

出版社：化学工业出版社。

出版时间：2012 年 4 月。

内容简介：本手册是一部介绍现代五金行业产品规格、用途和性能的大型综合性工具书，内容包括工程材料及制品、五金工具、机械五金、建筑装潢五金、通用机械和设备以及五金常用技术资料等。选用最新、最通用的五金产品，重点介绍规格尺寸、性能、用途以及外形图等内容，采用表格形式合理编排，查阅方便，尽量采用最新的国家和行业标准，数据准确可靠。

本书适用于五金行业生产、技术、管理和购销人员日常使用，也可作为行业设计和院校师生教学用参考。

10.《新五金手册》

作者：孔凌嘉。

出版社：中国建筑工业出版社。

出版时间：2010 年 6 月。

内容简介：本手册是一部介绍当代五金产品的大型综合性工具书。全书精选编入了目前市场上常见的五金产品，以现行国家标准为依据，对每种产品的特点、用途、分类、规格、性能进行了介绍。内容包括常用资料，黑色金属材料，有色金属材料，金属建筑型材，非金属材料，紧固件，传动件与支承件，量具、刃具，磨料、磨具，工具，钢丝绳与绳具，焊接器材，润滑、密封及装置，建筑五金。本手册的编写力求取材实用，叙述简明，查阅便捷。

本手册适合机械、建筑及其他专业从事五金产品科研、设计、生产、管理、经营等方面的人员使用。

11. 《制冷与空调维修工基础技术》

作者：傅秀丽。

出 版 社：上海科学技术出版社。

出版时间：2009 年 1 月。

内容简介：本书根据制冷与空调系统的运行、制冷与空调设备的维修，以及制冷与空调电气控制所需的技术要求进行编写，主要内容包括：制冷与空调设备维修工、制冷与空调设备操作工、制冷与空调管理人员常用到的基本知识；典型的单级压缩、双级压缩、复叠压缩制冷系统以及空气调节系统的操作、维修基础技能。本书从制冷系统运行、制冷设备维修和制冷电气控制三个角度进行阐述，对象包括制冷压缩机、换热器、节流装置和辅助设备，涉及家用空调器、中央空调以及低温产品等。

本书可作为制冷与空调维修工的基础读本，也可作为职业院校相关专业的教材，同时也适合专业工作人员参考学习。

12. 中国制药设备网

中国制药设备网是围绕制药设备的销售、采购、使用管理和制药设备技术服务的专业电子商务平台。由国内多年从事制药设备研究的专家、教授提供专业技术支持。它为整个制药设备行业提供丰富的信息源，已成为制药设备行业最大的专业网站。主要栏目有采购信息、产品信息、技术资料、行业资讯、网上展厅、企业大全、药厂名录、展会信息、人才招聘等。该网站的制药机械按品种分为十一类：原料药设备、饮片机械、药用粉碎设备、制剂机械、药品包装机械、制药用水设备、药物检测设备、药用净化设备、药用制冷设备、备品备件、其他制药机械及设备。网址：http://www.pm8.cn。

13. 我学网（开复学生网）

我学网（原开复学生网）是 2004 年 7 月由原 Google（谷歌）中国总裁，创新工场总裁李开复创办、致力于帮助青年学生成长的公益性网站，在短短三年的时间里，注册用户已达近 30 万，其中以在校大学生为主，同时包括部分中学生以及刚踏入社会的年轻人和境外会员。网站目前正处于日新月异的飞速发展中，形成自己鲜明的特色。我学网的理念是：通过自助、他助、互助环节，形成互动，辅之以实习实践，以成长记录作为承载和印证，让每个人在这里都获得切实而快乐成长。网址：http://kaifulee.com/。

14. 搜教网——教育学习资源搜索门户

专业的教育搜索平台，最有价值的招生平台，为学生提供各类技能培训信息，如：考研、留学、财会、法律、职业技能、英语、IT 学习资源。网址：http://bj.soojoo.cn。

15. 高职高专教学资源网

为了协助教育部促进全国高职高专院校教学资源的共享工作，提高资源共享的效率和质量，避免重复建设，充分发挥国家级高职高专示范院校的领头作用，"中国高等学校教学资源网"利用其在教学资源服务领域的影响力和网络服务优势，发起创建"高等职业院校优质教学资源全库"（简称 CCTR – GLIB）。CCTR – GLIB 将各学校不同平台、不同结构的优秀教学资源和共享型专业资源库进行汇总、整合并统一到一个开放式的全专业的共享资源平台中。CCTR – GLIB 以专业（群）为单元建立专业教学资源库群，专业参照教育部高职高专专业目录标准设置，同时实现了资源跨课程、课程跨专业的资源合理分布。全库包含多家合作院校的优秀教学资源和专业教学资源库。网址：http://hv.hep.com.cn/portal/educationcenter/gzgz。

任务二　学技能，实训有安排

一、实训室安全要求

（一）实训室消防安全检查制度

为加强实训室的管理，做好实训室消防安全工作，特制定本制度。

1. 在学院消防安全主管部门的指导下，实训室消防安全管理工作由实训中心主管部门负责，实训技术人员具体实施。

2. 加强消防宣传教育工作，提高全院师生的消防意识。各实训室要对存在的消防安全问题及时提出整改意见，做到预防为主，消除隐患。

3. 实训室要配备必要的消防设施，消防主管部门要定期检查实训室的各种消防设施，定期更换灭火器内容物，确保其处于完好可用状态。

4. 各实训室的消防设备和灭火工具要有专人管理，实训室管理及教学人员要掌握消防设施的使用。

5. 不准破坏、挪用消防器材，违者追究其责任。

6. 实训室要做好防火、防爆、防盗工作；下班时要切断电源、气源，清除工作场地的可燃物，关好门窗。

7. 危险化学品（易燃品、易爆品、麻醉药、剧毒药、强氧化剂、强还原剂、强腐蚀剂）要有专人管理，并严格遵守相关管理制度。

8. 各实训室新增用火、用电装置，要先报后勤管理处、保卫科，并经论证符合安全要求和批准后，方可增用。

9. 各实训室安装、修理电气设备必须由电工人员进行，禁止使用不合格的保险装置及电线。

10. 实训室技术人员每周一次对实训室进行全面安全检查，并做好检查记录，发现情况应及时采取措施并上报有关部门。学院消防安全主管部门及实训室行政管理部门不定期对实训室进行安全检查。

11. 对违反消防安全规定和技术防范措施而造成火灾等安全事故的有关责任人，要视情节轻重给予处罚，触犯法律的，由司法机关依法追究其刑事责任。

（二）学生进出实训场所行为规范

凡进入实训场所参加实训的学生必须严格遵守以下流程：

1. 学生在进入实训场所之前不准在校园内的其他场所穿着实训服装。

2. 学生应携带实训服装进入实训场所，在指定区域更换服装。

3. 学生更换实训服装后，将个人物品叠放整齐，放置在实训场所内的指定区域，整装后开始实践教学。

4. 实践教学结束后，在指定区域内更换实训服装，将实训服装叠整齐，整装后携带个人物品离开实训场所，不得穿着实训服装走出实训场所。

5. 实训结束后，要安排值日生做好实训室清洁卫生工作，实训仪器等物品要整理好，洗刷干净，按要求摆放整齐，并请指导教师检查清点认可后方可离开。离开实训室前要切断电源、气源、熄灭余火，关好水龙头，锁好门窗。

（三）化工设备维修技术（制药方向）专业实训室的安全条例规范

1. 学生到实训室参加实习前必须接受安全教育。

2. 实训过程中要掌握操作规程，并要严格执行，要在指导教师指导下进行操作练习。

3. 操作前要穿好工作服，戴好安全帽、防护镜。实训时，违反操作规程或不服从指导教师指导而违反操作规程，造成人身伤害者责任自负。

4. 实训中随意启动或拆卸机器而造成损坏者，要按价赔偿，还要给予纪律处分。

5. 实训中要由一人操作机器，其他人不许乱动设备，要远离设备并戴防护眼镜见习。

6. 学生必须在指导教师指导下使用砂轮机，并严格遵循砂轮机操作规章制度。

7. 实训中心内不许放置易燃易爆物品，如发现有放置易燃易爆物品，要进行严肃处理。下班后要认真将设备的电源切断，关好门窗，防止发生事故。

8. 安全生产工作必须贯彻"安全第一，预防为主"的方针，贯彻执行主任负责制，各级领导要坚持"管生产必须管安全"的原则，生产要服从安全的需要，实现安全生产和文明生产。

9. 对在安全生产方面有突出贡献的团体和个人要给予奖励，对违反安全生产制度和操作规程造成事故的责任者，要给予严肃处理，触及法律的，交由司法机关论处。

10. 积极学习安全生产知识，不断提高安全意识和自我保护能力。

11. 坚决反对违反安全生产规定的行为，纠正和制止违章作业、违章指挥。

12. 发生重大事故或伤亡事故，对事故责任人给予处罚，并追究主管领导人的责任。

13. 凡发生事故，要按有关规定报告。如有瞒报、虚报、漏报或故意延迟不报的，除责成补报外，对事故责任人给予扣发奖金直至工资总额的处罚，对触及法律的，追究其法律责任。

（四）实训指导教师岗位职责

1. 认真贯彻执行学院及中心的各项规章制度，保质保量完成教学任务。

2. 负责对学生进行安全教育，没有参加安全教育的学生不得进行实习。遵守操作规程，不出事故，对违反安全操作规程的学生要及时进行教育，对不服从教育者应暂时停止其实习实训，并上报实训部负责人。

3. 负责授课班级学生实训指导工作，负责对实训学生操作技能进行全面考核。

4. 指导教师负责在生产实训前准备实训用具、材料。

5. 了解设备工作情况，及时排除故障，保证设备完好运行。

6. 严格按教学流程和操作规程进行工作，认真总结经验，减少消耗，提高教学质量，提高设备的利用率。

7. 认真做好实训设备的使用记录，做好刀具的消耗记录，负责保管生产用品，切实做好物品的防锈、防磕碰等工作，如因保管不善造成物品的损伤，要根据情节给予一定的处罚。

8. 负责按保养规程切实做好设备的日常保养工作。

9. 工作结束时，指导教师要对设备、工具等进行检查验收，发现损坏及时上报处理。搞好清洁卫生和设备擦拭保养，并负责门、窗、水、电、汽、火等方面的安全工作。

10. 实训指导教师除在规定休息时间外，不得擅自离开工作岗位。

11. 做好教书育人工作，努力培养学生的学习兴趣，做到耐心细致，百问不厌，有问必答。

12. 按学院的教学要求做好各种教学文件（如：教案、教师日志、设备使用记录、实训笔记等）的编写（填写）和保存工作。

13. 完成领导交办的临时性工作。

（五）实训、设备场所管理规则

1. 实训中心所有设备要指定责任人负责管理，管理人员应由思想作风好，责任心强，具有相应的专业知识和操作技能的实习指导教师担任。

2. 所有设备必须建立设备台账，大型及贵重设备要建立完整的技术档案，档案应包括：设备的出厂资料，从购置到报废整个寿命过程中的管理、使用、维护、校验等记录。

3. 每台大型设备都必须逐台制定操作规程，专管人员必须作好日常保养工作，定期进行检验检修，保持良好的技术状态。操作规程和使用注意事项等规章制度要放在设备上或附近。对新投产的设备，要在设备投入使用前15天制定出使用、维护规程，并下发执行。

4. 实训中心设备及工具一般不借出使用，必须借出时要经中心领导批准，并要严格履行手续，进行登记。归还后要进行设备检测。

5. 设备使用人员必须事先经过培训和考核，证明确已掌握设备性能和操作技能。相关指导教师以外的其他教师不经培训不准单独使用设备，贵重设备必须在专管人员协助下使用。

6. 发生设备损坏事故，应立即逐级上报，查明原因，分清责任。对隐瞒不报造成损失者，给予处分。对管理不善、保养不良、使用不当者，视

情节轻重分别给予处分

7. 对违反操作规程操作造成设备损坏者，经相关部门鉴定后，追究其责任。

8. 用电设备和线路应符合国家有关安全规定。电气设备应有可靠的保险和漏电保护，绝缘必须良好，并有可靠的接地或接零保护措施；潮湿场所和移动式的电气设备，应采用安全电压。电气设备必须符合相应防护等级的安全技术要求。

9. 实习场所布局要合理，保持清洁、整齐。有毒有害的作业，必须有防护设施。

10. 雇请外单位人员进行施工作业时，主管领导应加强管理，对违反作业规定并造成财产损失者，需索赔并严加处理。

11. 对所有设备按设备的技术状况、维护状况和管理状况分为完好设备和非完好设备，并分别制定具体考核标准。生产设备必须完成技术状况指标，即考核设备的综合完好率，并层层分解逐级落实到岗位。

12. 每台设备都必须制定完善的设备润滑图表和要求，并认真执行。要认真执行设备用油"三清洁"（油桶、油具、加油点），保证润滑油（脂）的清洁和油路畅通，防止堵塞。设备润滑图表的内容规定润滑部位、名称及加油点数；规定每个加油点润滑油脂牌号；规定加、换油时间；规定每次加、换油数量；规定每个加、换油点的负责人。操作和维护人员必须随时注意设备各部润滑状况，发现问题及时报告和处理。

13. 设备发生故障，操作和维护人员能排除的应立即排除，并在日志中详细记录。

14. 要正确划分设备类型，按照设备在生产中的地位、结构复杂程度以及使用、维护难度，将设备划分为：重要设备、主要设备、一般设备三个级别，以便于规程的编制和设备的分级管理。

15. 设备使用中，非本岗位操作人员未经批准不得操作本机，任何人不得随意拆掉或放宽安全保护装置等。

16. 外来人员不经允许一律不准进入实训车间，进入实训车间的一切人员，必须严格遵守实训中心的规章制度。

17. 到实训中心进行临时性的教学、科研、生产等活动，必须经中心总负责人同意，并根据具体情况统一安排后方可进行。

18. 一切无关人员，不得随意动用设备及工具，校外人员到实训车间实验、实习，必须经总负责人批准并办理手续。

19. 实习学员及在班的指导教师一律按要求着装。

20. 实训中心内不得存放与实习无关的物品，更不允许存放个人物品。

21. 要严格遵守安全、防火制度，认真负责。

22. 车间内严禁吸烟。

知识链接

消防安全小常识

一、火灾定义

凡失去控制并对财物和人身造成损害的燃烧现象都是火灾。

二、火灾分类及对应的灭火器

按可燃物分，火灾分四类。

A 类火灾：指固体物质火灾，如木材、棉花。

B 类火灾：指液体和可融化的固体火灾，如汽油、石蜡。

C 类火灾：指气体火灾，如煤气、甲烷。

D 类火灾：指金属火灾，如钾、钠、镁。

扑救 A 类火灾应选用：水型、泡沫型、磷酸铵盐型灭火器。

扑救 B 类火灾应选用：干粉、泡沫、二氧化碳型灭火器。

扑救 C 类火灾应选用：干粉、二氧化碳型灭火器。

扑救 D 类火灾应选用：二氧化碳、干粉型灭火器。

三、几种典型的灭火器的使用方法

（一）干粉灭火器的使用方法

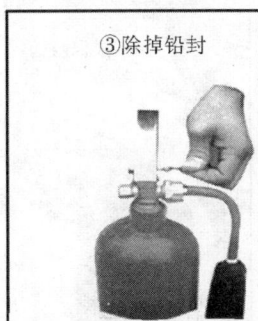

①右手握着压把，左手托着灭火器底部，轻轻取下灭火器

②右手提着灭火器到现场

③除掉铅封

④拔保险销

⑤左手握着喷管，右手提着压把

⑥在距火焰两米的地方，右手用力压下压把，左手拿着喷管左右摆动，喷射干粉覆盖整个燃烧区

（二）二氧化碳灭火器的使用方法

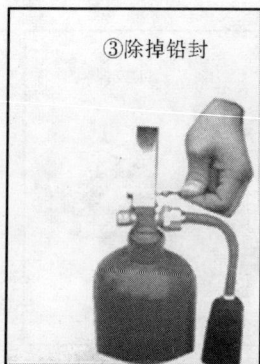

①用右手握着压把

②用右手提着灭火器到现场

③除掉铅封

④拔保险销

⑤站在距火源两米的地方左手拿着喇叭筒，右手用力压下把

⑥对着火焰根部喷射，并不断推前，直至把火焰扑灭

（三）推车式干粉灭火器的使用方法

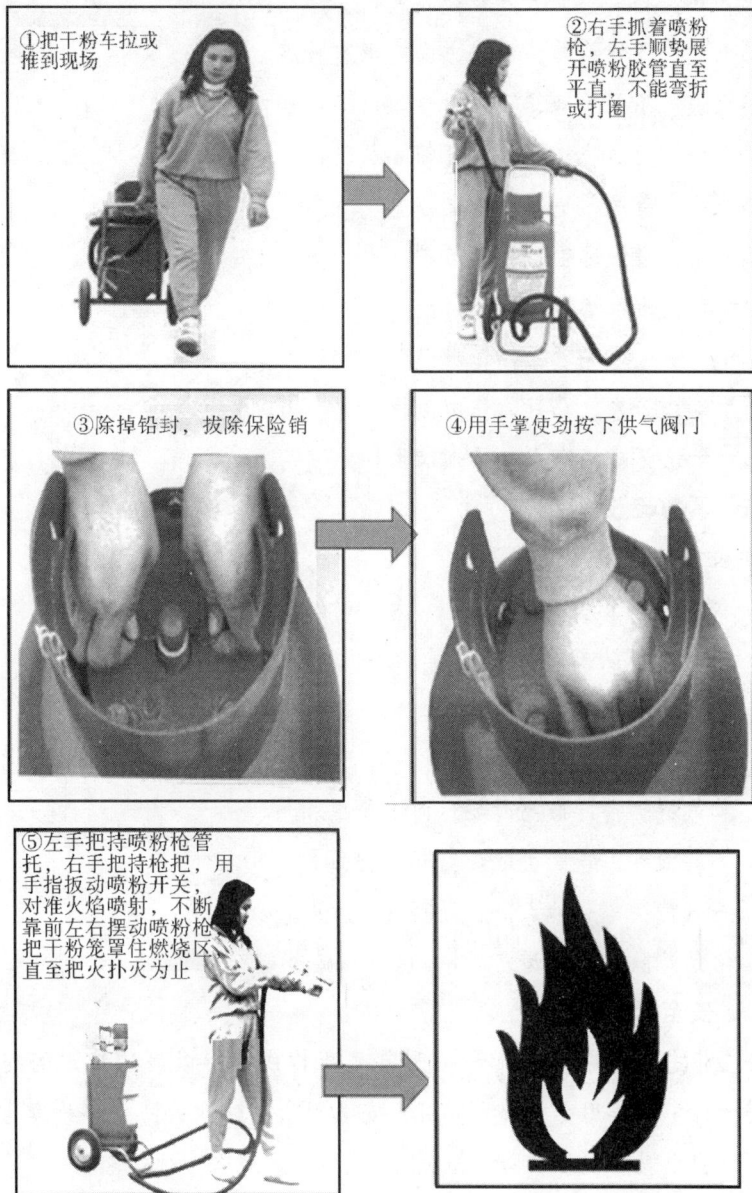

①把干粉车拉或推到现场

②右手抓着喷粉枪，左手顺势展开喷粉胶管直至平直，不能弯折或打圈

③除掉铅封，拔除保险销

④用手掌使劲按下供气阀门

⑤左手把持喷粉枪管托，右手把持枪把，用手指扳动喷粉开关，对准火焰喷射，不断靠前左右摆动喷粉枪把干粉笼罩住燃烧区直至把火扑灭为止

四、火场逃生十三诀

第一诀：逃生预演，临危不乱。

第二诀：熟悉环境，暗记出口。

第三诀：通道出口，畅通无阻。

第四诀：扑灭小火，惠及他人。

第五诀：保持镇静，明辨方向，迅速撤离。

第六诀：不入险地，不贪财物。

第七诀：简易防护，掩鼻匍匐。

第八诀：善用通道，莫入电梯。

第九诀：缓慢逃生，滑绳自救。

第十诀：避难场所，固守待援。

第十一诀：缓晃轻抛，寻求援助。

第十二诀：火已及身，切勿惊跑。

第十三诀：跳楼有术，虽损求生。

五、紧急疏散程序

1. 立刻停止工作。

2. 关掉所有设备的电源。

3. 听从撤离队长的指令。

4. 从指定的出口撤离建筑物。

5. 以有序方式撤离。

6. 如人群拥挤，撤离时要走而不要跑。

7. 不要回到工作间去取任何私人物品。

8. 一直待在集合地点，直到收到上级进一步的指示。

9. 给消防队员让开道路。

六、安全标志

安全标志是由几何图形和图形符号所构成，用以表达特定的安全信息。安全标志的作用是引起人们对不安全因素的注意，防止事故发生，但不能代替安全操作规程和防护措施。

1. 禁止标志

是禁止人们不安全行为的图形标志，其基本形式是带斜杠的圆形边框，颜色为白底、红圈红杠黑图案。如：

禁止烟火

禁止通行

禁止合闸

禁止乘人

禁止阻塞

禁止锁闭

禁止用水灭火

禁止吸烟

禁止烟火

禁止放易燃物

禁止带火种

禁止燃放鞭炮

2. 警告标志

是提醒人们对周围环境引起注意，以避免可能发生危险的图形标志，其基本形式是正三角形边框，颜色为黄底黑边黑图案。如：

当心触电

当心火灾

当心坠落

当心伤手

当心火灾

当心氧化物料火灾

当心天然气爆炸

当心瓦斯

3. 指令标志

是强制人们必须做出某种动作或采用防范措施的图形标志，其基本形式是圆形边框，颜色为蓝底白图案。如：

必须加锁　　　必须系安全带　　　必须戴安全帽　　　必须穿防护鞋

必须戴防护面具　　必须穿防护服　　必须戴防护面罩　　必须用防护装置

4. 提示标志

是向人们提供某种信息的图形符号，基本形式是正方形边框，颜色为绿底图案。如：

紧急出口　　　　　可动火区　　　　　避险处

也可以辅加方向文字，呈长方形。如：

方向辅助标志

七、三不伤害原则

1. 不伤害自己。首先保护自己的安全和健康。

2. 不伤害他人。时刻关心你的工作伙伴和他人的安全与健康。

3. 不被他人伤害。纵容他人的不安全行为也许伤害的就是你自己。

八、安全生产工作者的一个著名法则——海恩法则

海恩法则是德国人帕布斯·海恩提出，他指出：每一起严重事故的背后，必然有 29 次轻微事故和 300 次未遂先兆，以及 1000 个事故隐患。要想消除一起严重事故，就必须把这 1000 个事故隐患控制住。

海恩法则强调两点。

（1）事故的发生是量的积累的结果。

（2）再好的技术，再完美的规章，在实际操作层面，也无法取代人自身的素质和责任心。（同样去检查飞机发动机的涡轮扇叶，有的机械师走马观花，有的机械师却看出了扇叶上的一个细小的裂纹。）

海恩法则多被用于企业的生产管理，特别是安全管理。海恩法则对企业来说是一种警示，它说明任何一起事故都是有原因的，并且是有征兆的；它同时说明安全生产是可以控制的，安全事故是可以避免的；它也给企业管理者生产安全管理提供一种方法——发现并控制征兆。

请大家牢记：每一个安全事故的教训都是惨痛的，每一个安全事故的发生都有其必然性和偶然性。事故无大小之分。身边的一些小事或小疏忽，完全可能引起巨大的事故和损失。保证了安全，才谈得上效益。

安全第一，预防为主，综合治理。

二、实践教学内容

实践教学应突出产学结合特色，培养学生实践技能，与国家职业技能鉴定接轨，把教学活动与生产实践、社会服务、技术推广及技术开发紧密结合，把职业能力培养与职业道德培养紧密结合，保证实践教学时间，培养学生的实践能力、专业技能、敬业精神和严谨求实作风。实践教学体系主要由基本技能训练、职业技能训练、职业综合实践等组成。

1. 基本技能训练

结合相关素质课程教学进行课内实验或训练，通过计算机、医药行业卫生学基础、医药行业法律法规、医药行业社会实践等课程的技能训练，使学生具有较强的动手能力。要大力改革实践教学的形式和内容，减少演示性、验证性实验，增加工艺性、设计性、综合性实践，鼓励开设综合性、创新性实验和研究型课程，鼓励学生参加科研活动。

2. 职业技能训练

结合相关职业技术课相对应的技能训练课程，培养学生的职业素质和职业技能，主要有：军事技能训练、计算机等级考试上机实训、制药识图技术、制药测量技术、电工与电子技术、液压气动与传动、化工仪表及自动化、机械维修技术、典型生产工艺、制药设备、制药动力设备等课程。

3. 职业综合技能实训

开设职业综合技能训练课程培养学生对各项单项技能的综合运用，提升学生的职业综合能力。要以企业产品、项目、案例等为载体，进行生产性、模拟性、仿真性的实训，进一步提高学生的技能水平。如电工实训，钳工实训，制药设备维护，保养实训，动力设备综合实训等，组织学生参与校内外、企业、行业及政府部门开展的职业技能竞赛，训练学生的综合能力。要努力营造企业环境，培养学生的职业感觉，强化训练效果。

4. 职业综合社会实践

认识实习与顶岗实习是学生在真实的工作环境中进行技能训练和素质养成的重要环节，要务必落实并保证学生在企业实习时间 3~4 个月。顶岗实习一般安排在最后一学期，以实现实习与就业相结合。

5. 毕业考核

毕业考核方式有毕业论文、毕业设计、毕业实习报告、毕业综合实验、技能鉴定等，是对学生学习效果的综合考核，可按照各校的办学特色以及专业人才培养方案选择方式和安排时间。

三、校内外实训基地

（一）校内外实训基地介绍

天津生物工程职业技术学院依托行业办学，具有丰富的校外实训资源，与校内实训资源有机结合，合理利用，为学生提供技能训练的场所。

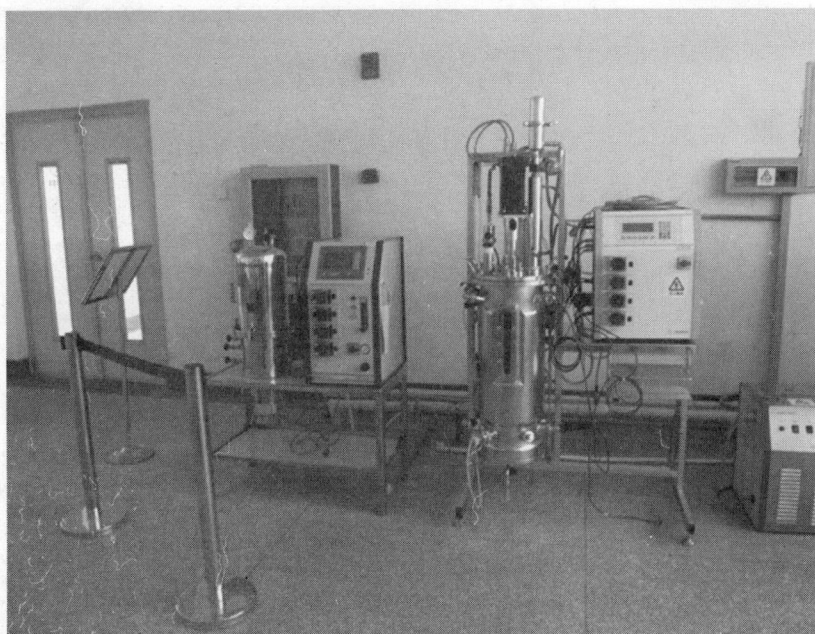

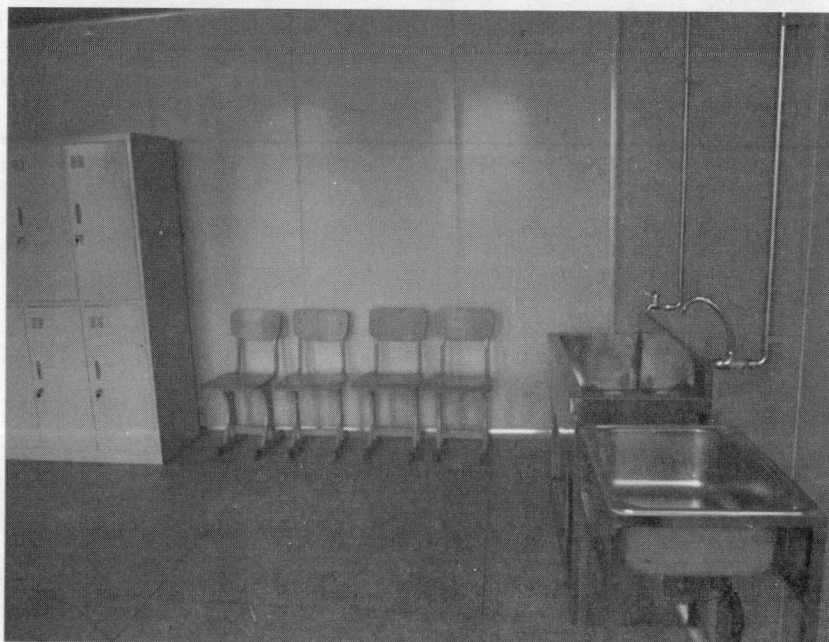

　　校内实训基地现有:制药设备认识实训基地、电工实训室、制图实训室、多媒体仿真软件实训室、机械基础实训室、制药设备拆装实训室、流体输送及精馏实训设备室等。

　　校内实训室体现了工学结合的办学特色,满足化工设备维修技术(制药方向)专业及相关专业群的工学结合课程教学要求。围绕项目教学的各主要环节,依据岗位工作流程和职业技能标准、制药化工行业机械设备检修操作规程和管理规程,开发各个实训室的技能实训项目。经过消化、吸收,转化为企业车间化的真实学习情境,实现理论与实践一体化的教学,加强对学生职业技能、职业素质等职业行动能力的培养。

　　根据专业人才培养要求,深入开展校企合作,化工设备维修技术(制药方向)专业及相关专业群与多家企业建立校企合作关系,建立了相对稳定的校外实训基地,保证学生在现场进行生产性实习和顶岗实习的教学要求。同时,利用校内专业教学资源,积极为企业开展员工理论知识培训和相关技术服务,实现校企共赢、持续发展的校企长期合作机制。化工设备维修技术(制药方向)专业及相关专业群已与天津力生制药股份有限公司实训基地、天津新冠制药有限公司实训基地、大津中药机械厂实训基地等三家企业建立合作关系,为学生提供机修钳工、维修电工等工种的生产性实习和顶岗实习条件,为人才培养方案的实施以及高技能、综合型人才的培养奠定了基础。

(二)学院主要仪器设备情况

表2-6　校内实践实习主要仪器设备一览表

序号	设备名称	型号	厂家	台数
1	脆碎度测定仪	JB－A	鑫州科技	1
2	反应釜	FG－50	天津	1
3	实验室用超纯水系统	AWJZ－1002－U	重庆艾科浦	1
4	智能片剂硬度仪	YD－1	鑫州科技	1
5	智能溶出实验仪	RCZ－8A	鑫州科技	2
6	旋转蒸发器	RE－5000	上海振捷	1
7	旋转蒸发器	RE－5220A	上海振捷	1

续表

序号	设备名称	型号	厂家	台数
8	智能崩解仪	ZB – ID	鑫州科技	2
9	离子交换纯水器	LJ – 70	无锡科达	1
10	电阻压力触摸屏	LTB – 17 寸		2
11	立式灭菌器	YXQ – LS – 50S11	C 上海博迅	1
12	槽型混合机	CH – 10B	天津	1
13	低位储罐	ZG – 15	天津	1
14	组合式空调	ZK08		1
15	高压蒸汽灭菌器	LS – B50L	上海	1
16	低位储罐	ZG – 20	天津	1
17	沸腾干燥机	PGL – A – 30	天津	1
18	电热鼓风干燥箱	400 * 500 * 500	天津	1
19	高效涡旋振荡机	ZS – 315	天津	1
20	摇摆式颗粒机	YK – 60B	天津	1
21	多相运动混合机	SBH – 50	天津	1
22	真空泵	SHB – B95	郑州长城	6
23	胶体磨	JM – 50	天津	1
24	空气压缩机系统	VW – 0. 11/7	上海	1
25	快速整粒机	KZL – 100	天津	1
26	连续卸料的转鼓离心机	LWL350 * 250 – N	湖南	1
27	全自动雪花制冰机	FMX130KS	美国	2
28	筛分机		天津	1
29	上卸料转鼓离心机	SS600N	天津	1
30	微粉粉碎分级机	WSX – 250		
31	微型提取浓缩机组	TN – 10	天津	1
32	双螺旋锥形混合机	SHJ – 50	天津	1
33	高效包衣机	GB – 10	天津	1
34	高位储罐	ZG – 20	天津	1
35	温蜜锅	50	天津	1
36	卧式冷凝器	$2m^2$	天津	1
37	旋转式压片机	ZP – 7	天津	1
38	竖式冷凝器	$1.5m^2$	天津	1

续表

序号	设备名称	型号	厂家	台数
39	通风柜	1800*800*2350mm	成威	29
40	蒸汽发生器	14KW/KQC－14	上海	1
41	中药小型制丸机	2000V	天津	1
42	组合式空调	ZK03		1
43	组合式空调	ZK06		1
44	高位储罐	ZG－15	天津	1
45	高效混合制粒机	GHL－10	天津	1
46	冷冻干燥机	FDU－2200	日本	1
47	现代电工电子实验台	MES－1		21
48	制药单元操作仿真软件		东方仿真	25
49	流体输送实训设备		天津睿智	1
50	精馏实训设备		天津睿智	1

模块三　行业好，发展有潜力

近年来，我国制药业发展迅速，现已注册的医药生产企业 7165 家，通过 GMP 认证的有 4000 多家，在国家食品药品监督管理局注册的原料药生产企业 1642 家，获得 GMP 认证企业生产的原料药有 3700 多个。"十一五"期间，天津市第四批 20 项重大工业项目，生物医药产业化项目总投资达 49.2 亿元。从世界生物医药产业发展趋来看，目前正处于生物医药技术大规模产业化的开始阶段，预计到 2020 年之后将进入快速发展期，生物医药产业逐步成为世界经济的主导产业。

任务一　医药行业的现状与发展

一、我国医药行业概况综述

（一）改革开放 30 年来我国医药行业发展历程

改革开放为我国医药行业的发展送来了东风，医药行业是关乎国计民生的产业，医药对人类生活的巨大影响使得其行业的高增长和高收益性非常突出，我国的制药行业起步于 20 世纪，经历了从无到有、从使用传统工艺到大规模运用现代技术的发展历程，特别是改革开放以来，我国医药工业的发展驶入了快车道，整个制药行业生产年平均增长 17.7%。高于同期全国工业年均增长速度，同时也高于世界发达国家中主要制药国家近 30 年来的平均发展速度，成为当今世界上发展最快的医药国家之一。

（二）目前我国医药行业的发展状况

现如今，我国国内启动了新医改，国际市场产业转移带来机会，我国的制药企业也已经发展到上万家，政府逐步加强对药品市场的监管，使其更加规范化。我国医药行业的规模逐渐显现，具有巨大的潜力，化学药物、天然药物和生物制品将三分天下，成为新世纪药业的三大新兴市场，这是我国未来医药行业的重要特点。总之，我国医药行业的发展状况良好。

（三）我国医药行业的未来走势

医药行业的崛起强势表现的原因有多方面，人口老龄化的趋势将使得我国医药支出加速增长，医保覆盖人群的扩大将支持医药行业的长期增长，环境、饮食结构的变化导致各种疾病等，因此未来较长一段时期内人均医疗支出也将明显增加，医药行业也将受到国家政策方面的有力支持，未来三年农村的政府医疗合作补助还要提高 1 倍，这些都为未来中国医疗行业的业绩提升埋下好的伏笔。

但是进入 2012 年，世界经济形势仍将十分严峻复杂，经济复苏的不稳定性不确定性上升。我国经济发展环境更趋复杂，宏观经济总体稳定，但经济增速会有所放缓。在此背景下，医药制造业产销规模将受到一定影响，行业整体产销增速将小幅下滑。有关机构预测，2012 年，我国医药制造业工业总产值将达到 18200 亿元，同比增长 25%；实现工业销售产值 17850 亿元，同比增长 27%。

（四）我国医药行业的市场供需状况

国内医药市场是我国巨大的内需市场，目前尚有部分城镇职工和居民没有享有医疗保险，城镇居民的医疗保险结余率高达 50%，全国 8.78 亿农民虽然开始享有每年 100 元的医疗保险，但是真正的消费尚未启动，较低的医疗保险基数有较大的上升空间，医疗商业保险还处于初级阶段，中国 13 亿人口，健康消费是最大的内需市场，这也是政府启动内需的重要组成部分。因此中国的医药市场前景广阔。

（五）推动我国未来医药市场的因素

纵观我国医药行业的现状，推动我国医药企业未来发展的主要因素如下。

1. 人口老龄化

人口的数量和结构，是医药需求构成的主要因素。根据国家统计局的相关公告，2009 年底中国 65 岁以上老年人口已达 1.29 亿，占总人口的比例为 9.7%，预计 2020 年这一比例会达到 12.8%。国际上通常把 60 岁以上的人口比例达到 10%，或 65 岁以上人口占总人口的比例达到 7% 作为国家或地区进入老龄化社会的标准，数据表明我国已经进入老龄化社会，预计老龄化的增速将快于总人口的增速，老龄化的趋势正在加强。随着年龄的增大，身体功能衰退，患病率将显著提升，据卫生部统计，65 岁以上老人的两周患病率为 466‰，远高于其他年龄段，25～34 岁年龄段为 75‰，老年阶段的医药消费量约占人一生 80% 以上，因此，老龄化是驱动医药需求的重要因素，庞大的人口基数及老龄化趋势是我国医疗保健增长的刚性需求。

2. 城镇化

城镇化代表着居民消费水平的提高，随之家庭医疗保健消费也在增加。据卫生部统计数据，我国城镇居民的人均医疗支出由 2000 年的 318.1 元增长到 2009 年的 856.4 元，增长了 2.69 倍；我国农村居民的人均医疗支出增速更快，由 2000 年的 87.6 元增长到 2009 年的 287.5 元，增长了 3.28 倍。城市人均卫生费用约为农村的 3 倍，家庭医疗支付能力显著提高是支撑医药行业高速增长的根本。

至 2009 年底，我国城镇人口达 6.22 亿，城镇化水平为 46.6%，逐步接近中等收入国家的平均水平。据发改委预测，我国未来每年以 1.2% 的速度推进城镇化进程，到 2020 年前后城镇化率将达到 60%，我国将有超过 8.4 亿的城镇居民人口。此外，我国农村人口数量庞大，拥有超过 7.1 亿的人口，在城镇化进程加快的同时，农村依然是我国医药行业发展不可忽视的市场。国家加大新农村医疗建设，保障农村居民医药消费水平提高。

另一方面，随着环境污染的加剧和人们生活方式的转变，我国城乡居民的疾病谱也在发生变化，慢性病正逐渐成为我国城乡居民的主要疾病。目前，我国城市居民慢性病患病率为 23.9%，农村为 12.0%。随着经济的发展，慢性疾病发病率在未来仍将继续增长，并且有从城市蔓延到乡村的势头。慢性病患病率的提高，消费升级及医疗意识的增强，推动人均医药消费增加以及卫生费用支出增加，并进一步扩大医药市场的规模。

3. 政策支持

政策的走向对医药行业的发展至关重要。改革开放以来，随我国经济持续快速增长，用于医疗卫生服务消费的金额不断增加，卫生总费用占GDP 的比重相应呈上升趋势。但长久以来，我国政府和社会在卫生总费用中所占的比例偏低，导致卫生费用过多地由个人直接负担。近年来，政府对满足不断提高的人民群众医疗卫生需求，解决广大人民群众的医疗保障和保证卫生服务的公平性问题高度重视，提出确立政府在提供公共卫生和基本医疗中的主导地位，完善多元卫生投入机制，由政府、社会和个人三方合理分担基本医疗服务费用，加快我国医药卫生体制改革。2003 年以来我国个人卫生支出比例呈现下降趋势，居民个人医疗卫生费用负担有所减轻。

2009 年4 月，《中共中央国务院关于深化医药卫生体制改革的意见》正式出台，拉开我国新一轮医药卫生体制改革的序幕。国务院三年计划用8500 亿元完成五项重点工作，建设四大体系的目标。8500 亿元中，46% 医保，47% 服务，7% 公共卫生建设。来自官方的统计数据显示，2009 年我国医保覆盖面超过了12 亿人。根据测算，2009 ~ 2011 年国家用于医改的支出为3900、4500、5150 亿元，年复合增长率为27. 2%。医保扩容每年将带来1000 亿元左右药品消费增量，相当于整个医药市场每年10% 的增速。新医改以到2020 年实现全民医保为目标，覆盖范围加大，将促进医药行业蛋糕做大，迎来发展契机。

4. 产业重组

2010 年10 月出台的《关于加快医药行业结构调整的指导意见》指出我国医药行业发展中结构不合理的问题：自主创新能力弱，技术水平不高，产品同质化严重，生产集中度低等。从国外经验看，医药流通行业的大趋势是"整合"和"集中"，美国市场前三家医药流通企业市场份额在90% 以上，日本前三家企业市场占有率从19% 提高到73% 仅用了10 年的时间，而我国前三位企业市场占有率约为20%。产业集中度提高以后，医药商业龙头企业具备规模优势，以及企业集团内部的药品生产与销售渠道的协同效应，以获取较多的利润。

2009年，我国外资、合资医药企业数量约占我国医药企业总数的30%，销售额约占整个医药销售额的26%～27%，2009年我国实际利用外资金额11.11亿美元，同比增长33.66%。外企巨头的加速进入，在带来先进技术和产品的同时，也将与国内医药制造企业争夺医疗资源。外企大规模的并购和投资必然将加速国内医疗产业的整合进程。

2010年我国有20家医药企业在国内A股上市，5家在境外上市。根据WIND资讯，医药上市公司在2009年期末现金及现金等价物余额总共为504亿元，其中前10位为166亿元，占33%，前20位为259亿，占51%。手握重金的上市公司大多为所在领域的优势企业，做大做强的愿望很强烈，以兼并、购买、合作或自建等多种形式来拓展产品线和扩大经营规模，并购和整合产业链的动能十足。在国家稳健的货币政策和行业结构性调整的背景下，资金充裕的优势上市公司必然将获得更多的发展机遇。

5. 国际环境

近年来，全球医药市场由于经济增速缓慢、新药研发缓慢等因素，发达国家对整体增长的贡献逐渐减弱，增长的贡献主要来源于新兴市场，从2006年的19%的贡献增加到了2009年的31%，而同期成熟市场的代表美国对全球市场的增长贡献从50%降低到了30%。

近几年是专利药到期高峰，让新兴国家市场迎来发展良机。据统计，全球排名前20的制药企业将有35%的专利在2009～2013年间到期，仿制药市场规模将逐渐扩大。全球非专利药市场正以每年10%～15%的速度增长，远高于制药业整体发展速度。由于发达国家的主销药品失去专利保护，新兴国家医药市场份额将快速提升，医药企业将再掀起仿制高潮。

来未来影响中国医药市场的主要因素大致如下。

（1）居民生活水平不断提高，将进一步扩大我国医药市场的需求规模。

（2）医疗保险制度改革全面推进，将进一步促进价格低廉、疗效确切的国产药的使用。

（3）人口老龄化促使我国老年人用药将有较大增长。

（4）农村合作医疗体制的健全和完善、农民收入的提高为医药市场创造了新的发展空间。

（5）医疗改革——医药行业的最大机遇，自 1985 年我国推行医疗改革以来已经历了 5 个阶段，我国已经建立了基本医疗卫生服务体系、农村卫生服务体系、医疗服务体系及医疗保障药品供应保障体系，建立及完善了医疗保障管理体系、运行机制、医药投入体系、价格形成机制、监管机制、科技与人才保障机制、信息系统、法律制度等，全面提升人民的医疗水平。

（6）相关的产业重组给医药行业带来大力发展的机遇。

（7）突发事件、自然灾害的发生也有可能会对医药产品产生井喷式的需求。

二、"十一五"期间我国医药产业的发展

1. 规模效益快速增长

国家统计局公布的 2011 年医药制造业数据显示，2011 年，医药制造业累计销售收入达 14522 亿元，同比增长 29.37%，增速处于历史较高位；累计利润总额达 1494 亿元，同比增长 23.50%。而同期工业企业收入利润增速呈现逐步下降趋势。

分产品来看，2011 年 1～12 月，中成药产量达 238.54 万吨，同比增长 33.97%；化学原料药产量达 289.87 万吨，同比增长 23.33%，增速比前三季度提高 1.23 个百分点；从具体细分市场来看，中成药和医疗器械的表现较为突出，利润增速均高于收入增速。2011 年，中成药全国销售产值达 3.3 亿元，增幅为 34.13%；医疗器械销售总额为 1.35 亿元，增幅为 27.51%；化学制剂销售总额 4.04 亿元，增幅为 25.22%，化学原料药为 4.04 亿元，增幅 25.22%。

2011 年以来，随着政府鼓励扩大进口以及居民医药支出能力不断增强，四季度医药品进口规模逐月攀升，全年实现医药品进口额 113.08 亿美

元，同比增长 40.6%，其中 12 月单月进口额创两年以来的最高纪录；四季度，欧美等地区严寒天气极大地推动了药品需求，医药出口额明显回升，从 10 月的 9.22 亿美元上升至 12 月的 10.78 亿美元，全年实现医药品出口额 118.33 亿美元，同比增长 10.6%，增速比前三季度加快 0.4 个百分点。

2. 技术创新成果显著

国家通过"重大新药创制"等专项，投入近 200 亿元，带动了大量社会资金投入医药创新领域，通过产学研联盟等方式新建了以企业为主导的 50 多个国家级技术中心，技术创新能力不断加强。盐酸安妥沙星、重组幽门螺杆菌疫苗等创新药物获得批准，重组人 II 型肿瘤坏死因子受体 – 抗体融合蛋白等单抗药物实现产业化，复方丹参滴丸进入美国三期临床试验，超声诊断、监护仪等产品竞争力显著增强，大规模细胞培养、生物催化等技术应用取得突破，阿莫西林、维生素 E 等一批大品种生产技术水平提高，新产品、新技术开发成效明显。

3. 企业实力进一步增强

在市场增长、技术进步、投资加大、兼并重组等力量的推动下，涌现出一批综合实力较强的大型企业集团。销售收入超过 100 亿元的工业企业由 2005 年的 1 家增加到 2010 年的 10 家，超过 50 亿元的企业由 2005 年的 3 家达到 2010 年的 17 家。扬子江药业、哈药集团、石药集团、北京同仁堂、广药集团、山东威高等大型企业集团规模不断壮大，江苏恒瑞、浙江海正、天士力、神威药业、深圳迈瑞等一批创新型企业快速发展，特别是中国医药集团、上海医药集团、华润医药集团等骨干企业集团通过并购重组迅速扩大规模，实现了产业链整合，提升了市场竞争力。医药大企业成为国家基本药物供应的主力军，有效保障了基本药物供应。

4. 区域发展特色突出

东部沿海地区发挥资金、技术、人才和信息优势，加强产业基地和工业园区建设，促进集聚发展，大力发展生物医药和高端医疗设备，"长三角"、"珠三角"和"环渤海"三大医药工业集聚区的优势地位更加突出，辐射能力不断增强。2010 年，山东、江苏、广东、浙江、上海、北京的医药工业总产值总和占全行业的 50% 以上；销售收入前 100 位工业企业中，约三分之二集中在这三大区域。中西部地区依托资源优势，积极承接产业转移，大力发展特色医药经济，吉林、江西、四川、贵州等省中药总产值进入全国前 5 位。

5. 对外开放水平稳步提升

医药出口持续快速增长，2010 年，出口总额达到 397 亿美元，"十一五"期间年均增长 23.5%。我国作为世界最大化学原料药出口国的地位得到进一步巩固，抗生素、维生素、解热镇痛药物等传统优势品种市场份额进一步扩大，他汀类、普利类、沙坦类等特色原料药已成为新的出口优势产品，具有国际市场主导权的品种日益增多。监护仪、超声诊断设备、一次性医疗用品等医疗器械出口额稳步增长。制剂面向发达国家出口取得突破，"十一五"期间通过欧美质量体系认证的制剂企业从 4 家增加到 24 家。境外投资开始起步，一批国内企业在境外投资，设立了研发中心或生产基地。利用外资质量进一步提高，"十一五"期间大型跨国医药公司在华新增投资约 200 亿元，其中研发投资近 70 亿元，有十余家企业在我国设立了全球或区域研发中心。

6. 应急保障能力不断提高

中央与地方两级医药储备得到加强，增加了实物储备的品种和数量，新增了特种药品和疫苗的生产能力储备，在应对突发事件和保障重大活动安全等方面发挥了重要作用。在应对甲型 H1N1 流感疫情的过程中，提前完成了 2600 万人份抗病毒药物和 1.55 亿剂疫苗的应急研发、改造扩能、生产和储备调运任务，满足了疫情防控需要。在应对汶川、玉树地震灾害中，调运了 200 多个品规的总值近 3 亿元的医药产品，为抗震救灾做出了积极贡献。在北京奥运会、国庆 60 周年、上海世博会和广州亚运会期间，建立了中央与地方两级储备联动机制，有效保障了重大活动的顺利举办。

我国医药工业在快速发展的同时，仍然存在一些突出矛盾和问题，主要是：技术创新能力弱，企业研发投入低，高素质人才不足，创新体系有待完善；产品结构亟待升级，一些重大、多发性疾病药物和高端诊疗设备依赖进口，生物技术药物规模小，药物制剂发展水平低，药用辅料和包装材料新产品新技术开发应用不足；产业集中度低，企业多、小、散的问题依然突出，低水平重复建设严重，造成过度竞争、资源浪费和环境污染；药品质量安全保障水平有待提高，企业质量责任意识亟待加强。

三、"十二五"期间我国医药产业主要任务

1. 增强新药创制能力

提升生物医药产业水平，持续推动创新药物研发。坚持原始创新、集成创新和引进消化吸收再创新相结合，在恶性肿瘤、心脑血管疾病、神经退行性疾病、糖尿病、感染性疾病等重大疾病领域，呼吸系统、消化系统等多发性疾病领域，罕见病和儿童用药领域，加快推进创新药物开发和产业化，着力提高创新药物的科技内涵和质量水平。支持企业在国外开展创新药物临床研究和注册。实现一批临床用量大的专利到期药物的开发生产，填补国内空白。

加强医药创新体系建设。进一步发挥企业在技术创新体系中的主体作用，支持骨干企业技术中心建设，提高企业承担国家科技项目的比重，增强新药创制和科研成果转化能力。引导和扶持创新活跃、技术特色鲜明的中小企业发展，培育成为医药创新的重要力量。继续推动企业和科研院所合作，构建高水平的综合性创新药物研发平台和单元技术研究平台。完善医药创新支撑服务体系，加强药物安全评价、新药临床评价、新药研发公共资源平台建设。

鼓励发展合同研发服务。推动相关企业在药物设计、新药筛选、安全评价、临床试验及工艺研究等方面开展与国际标准接轨的研发外包服务，创新医药研发模式，提升专业化和国际化水平。

2. 提升药品质量安全水平

全面实施新版GMP。推动企业完善质量管理体系，健全管理机构，规范生产文件管理，提高生产环境标准，建立和落实质量风险管理、供应商审计、持续稳定性考察等质量管理制度，完善药品安全溯源体系。强化企业质量主体责任，树立质量诚信意识，认真实施质量受权人制度，加强员工培训，提高员工素质，实现全员、全过程、全方位参与质量管理，严格

执行 GMP，显著提升我国药品质量管理整体水平。鼓励有条件的企业开展发达国家或世界卫生组织的 GMP 认证，带动我国药品质量管理与国际接轨。

不断提高质量标准。健全以《中国药典》为核心的国家药品标准体系，继续推进药品标准提高行动计划，重点提高基本药物、中药、民族药、高风险品种、药用辅料和包装材料的质量标准。加强医疗器械标准体系建设，实施国家医疗器械标准提高行动计划，重点提高基础性和通用性标准，以及高风险产品、自主知识产权产品和量大面广产品的标准。强化标准科学性、合理性及可操作性研究，提高标准的权威性和严肃性。

按照国际先进标准开展通用名药物大品种的二次开发和再创新。鼓励企业增加质量研发投入，改进产品设计，优化工艺路线，研究开发和应用先进的质量控制技术，重点提高药物晶型、溶剂残留和杂质控制水平，加强药品生物利用度和等效性研究，重点提高固体口服制剂溶出度等质量指标，在临床疗效和安全性方面做到与国际先进水平一致。进一步完善质量评价体系，加快建立药品杂质标准品库、质量评价方法和检测平台。加强品牌建设，形成一批市场认知度较高的知名品牌。

3. 提高基本药物生产供应保障能力

完善基本药物生产供应保障模式。对用量大、生产厂家多的品种，促进生产能力向优势企业集中，提高规模化和集约化水平。对用量小、企业生产不经济的品种，研究采用定点生产方式集中生产，保障供应。对用量不确定、企业不常生产的品种，加快建立常态化基本药物储备。完善招标采购、药品价格等政策，调动企业生产基本药物的积极性。

提高基本药物生产技术水平。支持基本药物生产企业不断改进生产工艺，推广应用新技术和新装备，加快实施新版 GMP 改造，稳步提高产品质量，有效降低生产成本。

加强基本药物生产供应监测。完善基本药物生产统计制度，及时掌握生产动态。加强产需衔接，定期发布重点品种供求信息。重点监测紧缺原料药和中药材供应情况，协调解决生产原料的供应不足问题。

4. 加强企业技术改造

利用现代生物技术改造传统医药产业。依托优势企业，结合新版GMP实施，支持一批符合结构调整方向、对转型升级有引领带动作用的技术改造项目。瞄准国际先进水平，加强清洁生产、节能降耗、新型制剂、生产过程质量控制等方面的新技术、新工艺、新装备的开发与应用，重点推进基因工程菌种、生物催化等生物制造技术对传统工艺技术的优化与替代，积极采用生物发酵方法生产药用植物活性成分，提升医药大品种的生产技术水平。

加快新产品产业化。围绕生物技术药物、化学药、现代中药、先进医疗器械等重点领域，立足现有产业基础，加大技术改造投入，强化技术改造与技术引进、技术创新的结合，着力解决中试放大、检验检测等制约新产品产业化的突出问题，加快形成一批先进的规模化生产能力。

5. 调整优化组织结构

鼓励优势企业实施兼并重组。支持研发和生产、制造和流通、原料药和制剂、中药材和中成药企业之间的上下游整合，完善产业链，提高资源配置效率。支持同类产品企业强强联合、优势企业重组困难落后企业，促进资源向优势企业集中，实现规模化、集约化经营，提高产业集中度。加快发展具有自主知识产权和知名品牌的骨干企业，培育形成一批具有国际竞争力和对行业发展有较强带动作用的大型企业集团。

深化体制机制改革和管理创新。鼓励兼并重组企业建立健全规范的法人治理结构，转换企业经营机制，创新管理模式。引导企业加强资金、技术、人才等生产要素的有效整合和业务流程的再造，实现优势互补。支持企业加强和改善生产经营管理，促进自主创新和技术进步，落实淘汰落后生产工艺装备和产品指导目录，淘汰落后产能，提高市场竞争力。

促进大中小企业协调发展。坚持统筹协调，分类指导，鼓励大型骨干企业加强新药研发、市场营销和品牌建设，支持中小企业发展技术精、质量高的医药中间体、辅料、包材等产品，提高为大企业配套的能力。鼓励中小企业发挥贴近市场、决策迅速、机制灵活的特点，培育一批专业化水平高、竞争力强、专精特新的中小企业，促进形成大中小企业分工协作、协调发展的格局。

6. 优化产业区域布局

发挥东部地区引领医药产业升级的主导作用。充分利用"长三角"、"珠三角"和"环渤海"地区在资金、技术、人才和信息上的优势，重点发展附加值高、资源消耗低、具有国际先进水平的医药产品，建设与国际接轨的研发和生产基地。积极引导受资源约束、不再具有比较优势的产业合理有序转移。

鼓励中西部地区发展特色医药产业。发挥中西部地区能源、原材料丰富和成本低的优势，加强中药、民族药资源保护和开发利用，依托医药骨干企业，建设特色医药产品生产基地。鼓励中西部地区因地制宜，积极承接东部地区产业转移。严格限制在环境敏感和承载能力弱的地区发展高污染品种，防止低水平重复建设，形成东、中、西部优势互补和协调发展的格局。

鼓励产业集聚发展。引导和鼓励医药企业向符合规划要求的工业园区集聚，创建一批管理规范、环境友好、特色突出、产业关联度高、专业配套齐全的国家新型工业化产业示范基地。选择具备一定基础、环境适宜的地区，重点改造和提升一批符合国际 EHS（环境、职业健康、安全）标准、实施清洁生产的化学原料药生产基地，实现污染集中治理和资源综合利用。

7. 加快国际化步伐

优化对外贸易结构。统筹开发新兴医药市场和发达国家市场，加快转变出口增长方式。进一步巩固大宗原料药的国际竞争优势，提高特色原料药出口比重。依托化学原料药优势积极承接境外制剂外包业务，扩大制剂出口。不断增加生物技术药物和疫苗出口，努力扩大中成药和天然药物的国际市场销售，提高医疗器械出口产品附加值。逐步减少高耗能、高污染产品的出口。

进一步提高对外开放水平。积极开展药品国际注册和生产质量管理体系国际认证，推动 EHS 管理体系及其他各项标准与国际接轨，为开拓国际市场创造条件。支持有条件的企业"走出去"，鼓励拥有自主知识产权药物的企业在国外同步开展临床研究，支持企业在境外投资设厂和建立研发中心。

改善投资环境，提高利用外资质量，鼓励跨国公司在国内建设高水平的医药研发中心和生产基地，提升我国医药产业的国际地位。

8. 推进医药工业绿色发展

提高清洁生产和污染治理水平。以发酵类大宗原料药污染防治为重点，鼓励企业开发应用生物转化、高产低耗菌种、高效提取纯化等清洁生产技术，加快高毒害、高污染原材料的替代，从源头控制污染。开发生产过程副产物循环利用和发酵菌渣无害化处理及综合利用技术，提高废水、废气、废渣等污染物治理水平。

大力推进节能节水。实施能量系统优化工程，推动节能技术和设备的应用，对空压机、制冷机等高能耗设备进行节能改造，提高能源利用效率，降低综合能耗。加快节水技术和设备的推广，提高水循环利用率，降低水耗。严格执行制药工业节能节水标准，淘汰能耗高、运行效率低的落后工艺设备。

9. 提高医药工业信息化水平

加强信息技术在新产品开发中的应用。建立基于信息技术的新药研发平台，利用计算机技术辅助进行药物靶标筛选、药物分子设计、药物筛选、药效早期评价，加快新药研发进程。提升医疗器械的数字化、智能化、高精准化水平，开发基于网络和信息技术的医疗器械品种，统一技术标准，支持远程医疗和医疗资源共享。

提高生产过程信息化水平。加强计算机控制在生产过程中的应用，推动药品生产线和质量检测设施的数字化改造，实现全流程自动化数据采集控制。推广应用生产执行管理系统，提高生产效率和生产过程可控性，降低生产成本，稳定产品质量，实现产品质量的可追溯性。

提高企业管理信息化水平。鼓励企业集成应用企业资源计划、供应链管理、客户关系管理、电子商务等信息系统，推动研发、生产、经营管理各环节信息集成和业务协同，提高企业各个环节的管理效率和效能。建设医药行业运行监测和医药行业统计信息系统，完善"中国医药统计网"，为加强行业管理提供有力支撑。

10. 加强医药储备和应急体系建设

完善两级医药储备制度。统筹整合中央、地方医药储备资源，实现两级储备的互补和联动，提高国家医药储备应急反应能力，提高财政资金的使用效率。建立全国联网的医药储备信息平台，加强动态监测，保障在公共事件发生时医药物资的足量供应。

建立应急特需药品研发生产平台。加强灾情疫情预测，联合军地科研力量，有计划地对应急特需药品、试剂开展提前研究，形成技术储备；加强应急特需药品的需求预测，组织生产企业实施扩能改造，形成生产能力储备，保障在应急状态下能快速生产出所需药品，提高应急体系的前瞻性、针对性和有效性。

健全应急响应工作机制。完善相关法规政策，制定完善分级应急预案，全面提升突发事件应对能力。在重大疫情灾情发生时，统一指挥和综合协调应急处置工作，加强中央地方之间、政府部门之间、军队地方之间联动，确保应急研发、审批、生产、收储、调运和接收等环节运转高效，信息传递及时通畅，物资调配合理，完成应急特需药品供应保障任务。

知识链接

2011 年全球十强医药企业排名

国外医药杂志《制药经理人》公布 2011 年全球 50 强医药企业，排名前 10 位的企业分别是辉瑞（Pfizer）、诺华（Novartis）、默沙东（Merck）、赛诺菲（Sanofi）、罗氏（Roche）、葛兰素史克（GlaxoSmithKline）等。其中辉瑞和诺华 2011 年销售额均超过 500 亿美元。从排名位置看，默沙东和雅培都上升一位。

表 3 - 1　2011 年全球药物销售额前 10 位企业

2011 年排名	公司	公司总部所在地	2011 年全球药物销售额（亿美元）	2010 年排名
1	辉瑞（Pfizer）	美国	577	1
2	诺华（Novartis）	瑞士	540	2
3	默沙东（Merck）	美国	413	4
4	赛诺菲（Sanofi）	法国	370	3
5	罗氏（Roche）	瑞士	349	5
6	葛兰素史克（GlaxoSmithKline）	英国	344	6
7	阿斯利康（AstraZeneca）	英国	336	7
8	强生（Johnson & Johnson）	美国	244	8
9	雅培（Abbott）	美国	224	10
10	礼来（Eli Lilly）	美国	219	9

2011 年，全球药物销售额前 10 位企业合共研发费用超过 656 亿美元，其中辉瑞和诺华研发费用均超 91 亿美元。除了第 10 位的雅培外，其他 9 大企业研发费用均超 50 亿美元。

表 3 - 2　2011 年全球药物研发费用前 10 位企业

2011 年排名	公司	公司总部所在地	2011 年研发费用（亿美元）
1	辉瑞（Pfizer）	美国	91.12
2	诺华（Novartis）	瑞士	91.00
3	默沙东（Merck）	美国	84.67
4	罗氏（Roche）	美国	78.62
5	赛诺菲（Sanofi）	法国	60.07
6	葛兰素史克（GlaxoSmithKline）	英国	58.22
7	强生（Johnson & Johnson）	美国	51.38
8	阿斯利康（AstraZeneca）	英国	50.33
9	礼来（Eli Lilly）	美国	50.20
10	雅培（Abbott）	美国	41.29

政策解读 ....

一、《国家药品安全"十二五"规划》

1. 发布日期与单位

2012 年 2 月 13 日国务院发布。

2. 目标

进一步提高我国药品安全水平，维护人民群众健康权益，促进医药产业持续健康发展。

3. 重点

经过五年努力，药品标准和药品质量大幅提高，药品监管体系进一步完善，药品研制、生产、流通秩序和使用行为进一步规范，药品安全保障能力整体接近国际先进水平，药品安全水平和人民群众用药安全满意度显著提升。

4. 影响

（1）有利于提高药品质量，完善药品监管体系，规范药品研制、生产、流通和使用，落实药品安全责任。

（2）有利于加强技术支撑体系建设，提升药品安全保障能力，降低药品安全风险。

二、《医药工业"十二五"发展规划》

1. 发布日期与单位

2012 年 1 月 19 日工信部发布。

2. 目标

进一步落实深化医药卫生体制改革任务，加快结构调整和转型升级，促进医药工业由大变强。

3. 重点

以转变发展方式为主线，以结构调整和转型升级为主攻方向，加强自主创新；大力发展生物医药，改造提升传统医药，增强产业核心竞争力和可持续发展能力；深化医药卫生体制改革，加快建立以国家基本药物制度为基础的药品供应保障体系。

4. 影响

有利于增强新药创制能力；进一步提升药品质量安全水平，提高基本药物生产供应保障能力；将鼓励企业加强技术改造，调整优化组织结构，优化产业区域布局。

三、《国务院关于印发工业转型升级规划（2011~2015 年）的通知》

1. 发布日期与单位

2012 年 1 月 18 日国务院发布。

2. 目标

推进中国特色新型工业化，进一步调整和优化经济结构、促进工业转型升级。

3. 重点

以提高重大疾病防治能力和提升居民健康水平为目标，加快实现基因工程药物、抗体药物、新型疫苗关键技术和重大新产品研制及产业化，支持利用基因工程、酶工程等现代生物技术改造传统制药工艺和流程；加强化学新药研发及产业化，抓住全球通用名药市场快速增长的机遇，培育国际市场新优势；坚持继承和创新相结合，发展疗效确切、物质基础清楚、作用机制明确、质量稳定可控的现代中药。

4. 影响

明确医药工业未来产业升级转型的方向；有利于提升医药工业核心竞争力，促进医药工业结构整体优化提升。

任务二　认识医药龙头企业

一、部分世界医药巨头公司简介

1. 辉瑞制药有限公司

该公司是目前全球第一大医药企业，拥有 150 多年历史的以研发为基础的跨国制药公司。2000 年 6 月，辉瑞和华纳兰伯特公司合并，2003 年 4 月，辉瑞公司对法玛西亚进行并购。新辉瑞是一家拥有空前规模、广泛的产品治疗领域和产品系列的全球药业巨头。公司的创新产品行销全球 150 多个国家和地区。辉瑞制药有限公司拥有世界上最先进的生产设施和检测技术，辉瑞在中国的各个项目累计投资总额超过 5 亿美元。新的辉瑞公司目前在中国上市了 40 多种创新医药产品。这些相互补充的产品组合在心血管科、内分泌科、神经科、感染性疾病、关节炎和炎症、泌尿科、眼科和肿瘤科治疗领域占据主导地位。大连辉瑞制药有限公司是由美国辉瑞公司与大连制药厂于 1989 年合资建成的大型现代化制药企业。

目前，在中国上市的产品包括：舒普深、希舒美，大扶康，络活喜、左洛复、瑞易宁、万艾可、西乐葆、立普妥等。

2. 葛兰素史克公司

该公司是目前全球第二大医药企业，最大的疫苗供应商和全球 500 强企业。在中国拥有 2000 多名员工，销售遍布 60 多个城市。葛兰素史克还为中国的医药和保健事业做出贡献。1998 年 6 月，公司向中国卫生部捐款 1 百万美元，用于肝炎的治疗和预防方面的普及和医学教育。还从 1997 年起资助中华医学会中青年肝病科研奖，旨在鼓励在中国开展肝病防治方面的临床研究，并帮助患者增强与疾病斗争的信心。

其主要产品有用于抗感染的康泰克、镇痛的芬必得、乙肝治疗药贺普丁，抗生素复达欣、西力欣，治疗糖尿病的文迪雅，防治哮喘及季节性鼻炎的定量吸入剂系列以及疫苗系列。

3. 阿斯利康制药有限公司

该公司是由前瑞典阿斯特拉公司和前英国捷利康公司于 1999 年合并而成的世界第四大制药公司。凭借强大的研发后盾，致力于研制、开发、生产和营销优越的产品，在心血管、消化、麻醉、肿瘤、呼吸五大领域处于世界领先地位。总部位于英国伦敦，研发总部位于瑞典，在全球设有 11 个研发中心、31 个生产基地，产品销售覆盖 100 多个国家和地区，公司雇员超过 5 万人。1999 年销售额高达 177.91 亿美元。2004 年公司销售额超过

214 亿美元。阿斯利康被列入道琼斯可持续发展指数（全球）以及显示企业良好社会责任度的富时社会责任指数。

世界 500 强之一的阿斯利康在中国投资一亿美元建厂，显示了对中国市场的信心。总部位于上海，在中国 19 个主要城市设有办事处；位于江苏省无锡市的生产基地于 2001 年正式投产，阿斯利康临床研究中心于 2002 年在上海挂牌成立。阿斯利康制药有限公司在中国现有 1500 余名员工，分布在生产、销售、市场推广、临床研究等领域。

公司在中国上市的主要产品有：佐米格、捷赐瑞、洛赛克、博利康尼、恩纳、波依定等。

4. 强生公司

世界 500 强企业，强生公司的名字是高质量及可信赖的代名词。名列全美 50 家最大的企业之一，同时也被列入全世界阵容最为强大的药品制造商之一。成立于 1886 年，今天，强生公司在全球 55 个国家和地区，设有 170 多家分公司和 230 个办事机构，在 54 个国家和地区设有 200 家子公司，全球共有员工 11.2 万多名，产品畅销 175 个国家和地区。被《商业周刊》评为 2001 年度全美最佳经营业绩的上市公司，列 2002 年度全美 50 家表现最杰出公司榜首，2002 年度全美"最佳声誉公司"，2003 年被《财富》杂志评为全美最受赞赏公司之第 5 位。

强生公司在华子公司有：上海强生有限公司、西安杨森制药有限公司、上海强生制药有限公司、强生（中国）医疗器械有限公司、强生视力健商贸有限公司。

5. 默沙东制药有限公司

该公司是一家国际上居于领先地位的药品研制与营销的跨国集团公司，1999 年公司全球销售额达 327 亿美元；公司曾 15 年被《财富》杂志评为全美十大最受推崇的公司之一；在 1999 年 8 月的美国《商业周刊》全球 1000 家公司排名榜上，公司名列第 12 位并且市场价值已超过 1598 亿美元。公司在中国主要推广抗生素、前列腺增生症用药、心血管系统用药、降脂药、非类固醇消炎止痛药、骨质疏松用药和疫苗等世界领先的产品。1994 年公司在中国成立了首家合资企业杭州默沙东制药有限公司。

目前，公司在中国上市的主要产品有：科素亚、佳息患、福善美、海捷亚、保法止、保列治、悦宁定、顺尔宁、施多宁、泰能、万络、舒降之等。

6. 诺华制药有限公司

该公司是全球制药保健行业跨国集团，总部设在瑞士巴塞尔，业务遍及全球140多个国家和地区。该公司目前在华投资约1亿美元，其核心业务涉及专利药、非专利药、眼睛护理、消费者保健和动物保健等领域。是世界上最大的医用营养品提供商之一，并生产婴儿食品及保健营养品。

北京诺华制药有限公司成立于1987年。公司成立之初名为"北京汽巴－嘉基制药有限公司" 1996年更名为"北京诺华制药有限公司"。目前，公司在中国上市的主要产品有：扶他林、新山地明、善宁、来适可、代文、兰美抒等。

7. 豪夫迈·罗氏公司

该公司是在国际健康事业领域居世界领先地位，以科研开发为基础的跨国公司，总部位于瑞士巴塞尔。罗氏始创于1896年10月，经过百年发展，业务已遍布世界100多个国家，共拥有近6.6万名员工。罗氏的业务范围主要涉及药品、医疗诊断、维生素和精细化工、香精香料等四个领域。罗氏还在一些重要的医学领域，如神经系统、病毒学、传染病学、肿瘤学、心血管疾病、炎症免疫、皮肤病学、新陈代谢紊乱及骨科疾病领域，从事开发、发展和产品销售。

目前，公司在中国上市的主要产品有：赛尼可、罗盖全、骁悉、赛美维、达利全、多美康、美多芭、达菲、赛尼哌等。

8. 拜耳公司

该公司是世界制药巨头，全球500强企业。总部位于德国，全球有750家生产厂。拥有12万名员工。公司的产品种类超过1万种，是德国最大的产业集团。1863年在德国创建。1899年3月6日拜耳获得了阿司匹林的注册商标，该商标后来成为全世界使用最广泛、知名度最高的药品品牌，并为拜耳带来了难以想象的巨额利润。

目前，公司在中国上市的主要产品有：拜新同、西普乐、美克、拜唐苹、尼膜同、优妥、优迈、特斯乐、拜斯明 – 25 等。

9. 赛诺菲 – 安万特公司

该公司是 2004 年 5 月，由安万特与赛诺菲合并缔造的欧盟最大的制药企业，成为继美国辉瑞和英国葛兰素史克的世界第三大制药巨头。全球员工超过 10 万人。公司致力于在处方药、疫苗、治疗用蛋白、农作物生产和保护、动物保健和动物营养等领域里创新产品。

目前，公司在中国上市的主要产品有：罗力得、泰索帝、易善力（肝得健）、凯福隆、巴特芬等。

10. 百时美 – 施贵宝公司

该公司是全球 500 强企业，公司总部设在美国纽约。其主要业务涵盖医药产品、日用消费品、营养品及医疗器械。有 100 多年历史，年销售额为 200 多亿美元，遍及世界 120 多个国家和地区，拥有 5.4 万多名员工，公司在治疗心血管疾病、代谢及传染性疾病、中枢神经系统疾病、皮肤疾病以及肿瘤的创新药物研制方面，以及在消费者自疗药品、婴儿配方奶粉和美发产品的研制、生产方面居全球领先地位。每年从事科研及开发的经费超过 15 亿美元，有 4200 多名科学家及工作人员进行科研工作。

目前，公司在中国上市的主要药品有：日夜百服咛、马斯平、金施尔康、普拉固、泛捷复、小施尔康、开博通、施太可，以及安婴儿（宝）、伊卡璐系列。

11. 礼来公司

该公司是一家全球性的以研究为基础的医药公司，致力于为全人类创造和提供以药物为基础的创新医疗保健方案，使人们生活过得更长久、更健康、更有活力。公司始建于 1876 年，总部位于美国印地安纳州的印第安纳波利斯，拥有雇员 31 285 人，其中在美国以外的员工就有 15 802 人。员工中从事研发人员占总员工人数的 19%。其产品在 179 个国家和地区销售，在 9 个国家设有研发机构，从事临床研究试验的国家超过 30 个。

目前，公司在中国上市的主要产品有：希刻劳、协良行、独步催、健择、优泌林、凯复定、力复乐、百优解、再普乐、稳可信等。

12. 勃林格殷格翰公司

该公司总部设在德国，在全球 50 多个国家和地区设立了 160 多家公司和分支机构，员工总数达 2.7 万多名。经营范围从人体用药涉及化工、兽药及食品等多种领域，享有"呼吸病专家"的美誉。公司研究开发的目标是持续不断地为市场提供创新的、专有的、高效益的产品，及确保研究开发的最高质量并力求做到：保证其技术基础紧跟科学前沿，保证研究开发人员的知识技能稳定进步。

公司在中国上市的主要产品有：爱通立、爱全乐、备劳特、可必特、英福美、冠迪、美卡素、莫比可、沐舒坦、维乐命等。

13. 惠氏－白宫制药有限公司

该公司是世界最大的以研究为基础制药和健康护理产品公司之一，总部位于美国新泽西州，现有员工 4.8 万人。它在处方药和非处方药的研究、开发及制造和经营方面占有举足轻重的地位，同时，它在疫苗、生物工程、农产品以及动物健康产品方面也占有重要地位。

目前，公司在中国上市的主要产品有：钙尔奇 D、善存、善存银、怡诺思、倍美力、倍美安、倍美盈、特治星等。

14. 诺和诺德制药有限公司

该公司是世界领先的生物制药公司，在用于糖尿病治疗的胰岛素开发和生产方面居世界领先地位。总部位于丹麦首都哥本哈根，员工总数 1.8 万人，分布于 70 个国家，产品销售遍布 179 个国家。在欧美均建有生产厂。

诺和诺德的产品 20 世纪 60 年代初就已进入中国市场。1994 年初，在北京建立诺和诺德（中国）制药有限公司总部和生物技术研究发展中心，并在天津兴建现代化生产工厂。

15. 雅培制药有限公司

该公司是一家历史悠久的医药保健产品公司，1888 年在美国芝加哥创立。目前共有员工约 5.7 万名，在全球各地分别从事生产、分销及联营业务。1999 年公司营业额达 132 亿美元。雅培的产品主要包括药品、营养品、医院及诊断产品。雅培更是一个重视科研发展的公司，每年都投入 10

多亿美元在科研工作上。雅培高质量且多元化的产品正在为世界130多个国家的患者提供诊断、治疗、维持生命、改善生活质量的服务。

公司在中国上市的主要产品有：安素、易使宁、活宁、喜康素、喜康力、优质恩美力、克拉仙、益菲佳、诺美亭、悦复隆、喜康宝、思美泰、维他灵等。

16. 先灵葆雅制药有限公司

该公司是一家世界著名的以科研为基础的国际性制药公司，在全球20多个国家建有工厂，40多个国家和地区设有附属公司，125个国家和地区上市销售处方药、非处方药及兽药，总部设在美国新泽西州。先灵葆雅在全球上市的产品种类包括：血液、肿瘤、肝炎、呼吸/过敏、抗感染、皮肤、心血管等不同领域。

目前，公司在中国上市的主要产品有：开瑞能、开瑞坦、荷洛松、艾洛松、甘乐能（干扰能）、先特能（生白能）、力确兴、葆乐辉等。

17. 安进公司

该公司是由一群科学家和风险投资商于1980年创建的。2001年12月，安进公司以160亿美元并购美国另一家生物技术领域顶尖企业"英姆纳克斯公司"。安进公司的两个全球商业化最为成功的生物技术药物重组人红细胞生成素（EPO）和重组粒细胞集落刺激因子（G－CSF），不仅造福了无数血液透析患者和癌症化疗患者，也为公司带来了巨额的利润。2000年财富500强排名，安进公司排在455位。2000年在全球医药50强中排在21位。

18. 武田制药株式会社

该公司是一家以研发为基础的制药公司，也是日本最大的制药公司。2000财政年公司销售额为87.09亿美元，自从1999年12月在日本上市以来销售额的强势增长，帮助抵消了武田公司因卷入北美"维他命协议"丑闻而受罚逾亿美元的额外损失。而自1999年6月上市以来的血管紧张素Ⅱ拮抗剂坎伐沙坦，则获得了近亿美元的国内销售额。武田制药在中国同天津力生制药厂合资成立了天津武田药品有限公司，并得到GMP认证。

主要产品有：兰索拉唑、亮丙瑞林、伏格列波糖、头孢替安、吡格列酮。

19. 山之内－藤泽制药公司

该公司山之内与藤泽两家公司合并后的新公司占据日本国内 7.75% 的市场份额，跃居第一位。合并后公司拥有的医药信息人员增至 2400 人，不仅位居国内首位，也与欧美同行巨头不相上下。医药品的销售额将高达 8800 亿日元，超越现在处于第二位的三共药业，紧逼目前处于首位的武田药业，在全球医药范围内排名第 17 位。

20. 梯瓦集团

旗下拥有 20 多家遍布全球的全资子公司，是美国非专利药市场的第一大公司和全美最大的药品供应商，美国每 15 种处方药就有 1 种为梯瓦集团提供。2005 年 7 月斥资 74 亿美元收购了美国 Ivax 制药集团后，成为世界仿制药领域的头号巨头。在北美、以色列、欧洲，TEVA 集团生产的抗肿瘤类、抗生素类等非专利药超过 300 种，其 2004 年全球销售收入为 50 亿美元。

二、国内主要医药企业

1. 扬子江药业集团有限公司

扬子江药业集团有限公司创建于 1971 年，是药物制剂新技术国家重点实验室依托建设单位，集团是一家产学研相结合、科工贸一体化的国家大型医药企业集团。总部位于江苏省泰州市，现有员工 7000 余人，总资产 90 多亿元，总占地面积 200 多万平方米。集团以扬子江药业集团有限公司为核心企业，旗下 10 多家子公司遍布泰州、北京、上海、南京、广州、成都等地，拥有万吨级的中药提取生产基地。集团所属生产企业、药品经营企业全部通过 GMP、GSP 认证；营销网络遍布全国各地，在国内处方药市场保持着独特的竞争优势。

秉承"求索进取，护佑众生"的理念，扬子江药业集团不断加快科技创新、自主品牌建设步伐，打造核心竞争力，企业综合经济实力得到快速提升。自 1996 年起，扬子江药业综合经济效益一直排名江苏医药首位，1997 年起连续 10 多年跻身全国医药行业前五强；2010 年上半年，集团累计实现销售 116.19 亿元，在业内和社会上的知名度和影响力与日俱增。相继入围"中国最大企业集团 500 强"、"全国纳税 500 强"、"全国首批创新型企业"、"中国医药质量管理 20 年 20 星"、"江苏省服务百强企业"，并荣获"全国五一劳动奖状"、"全国模范职工之家"、"全国守合同重信用企业"、"中国驰名商标"等多项殊荣。2006 年，扬子江药业集团有限公司通过 ISO 9001、ISO 14001、OHSAS 18001 国际管理体系认证。2010 年 8 月，扬子江药业集团荣登全国医药工业企业百强榜首位，并获得"国内最佳研发产品线十佳工业企业"称号。

长期以来，扬子江药业集团始终坚持走"科技兴企、科技强企"的科技发展路线，每年均投入重资用于科技活动。集团先后累计投入 10 多亿元，在上海、南京、北京、广州、成都及总部泰州成立新药研发中心，并建立了扬子江药物研究院，扬子江药物研究院下设的每个分中心均具有独立的研发场所，绝大部分配备了进口实验设备。在研究院总部，拥有一个 2000 平方米的独立的中试车间，并已通过 GMP 认证，这一硬件条件是国内其他制药企业很难达到的。

1998 年，扬子江药业集团率先在江苏省医药行业成立企业博士后科研工作站，2001 年扬子江药物研究院经原国家经贸委等部门认定为国家级企业技术中心，2006 年扬子江药物研究院被科技部认定为国家级企业创新研发中心。2006 年，集团对扬子江药物研究院下设的各研发中心进行了资源整合，形成了化学药物研发中心、药物制剂技术工程研究中心、生物药物研发中心、中药制造工艺工程研究中心等四大研发中心，并以此成立江苏省（泰州）新药研究院，致力于化学药、中成药、生物药及制剂技术的创新研发。同年，江苏省（泰州）新药研究院被江苏省委省政府、江苏省科技厅列为江苏省"十一五"重点研发机构项目。

（1）化学药物研发技术中心　从事抗病毒药、内分泌药、心脑血管药等三大领域创新药物的设计、合成、筛选技术研究、产品开发及原料药的中试、产业化。该项目已列入国家发改委的技术中心创新能力建设专项。

（2）中药制造工艺工程研究中心　从事大孔吸附树脂技术、膜分离技术、超临界萃取技术、超微细粉碎技术等技术在中药制造工艺中的应用研究、产品开发及产业化研究。该项目被列为国家发改委的工程中心建设项目，已通过验收，项目名称为南京海陵中药制药工艺技术国家工程研究中心。

（3）药物制剂技术工程研究中心 从事难溶药物脂质体技术、缓控释制剂技术、药用乳剂技术、中药胶囊防潮辅料技术的应用研究、产品开发及产业化研究。建立新型药物制剂技术企业国家重点实验室。

（4）生物药物研发技术中心 从事生物诊断试剂研发技术、单克隆抗体研发技术的应用研究、产品开发及产业化研究。

2. 哈药集团股份有限公司

哈药集团是集科、工、贸为一体的大型企业，现拥有1个控股上市子公司、13个全资子公司。集团现有职工2.01万人，其中专业技术人员4760名，占职工总数的23.8%。集团共生产西药及中药制剂、西药原料、中药粉针、生物工程药品、滋补保健品等6大系列、20多种剂型、1000多个品种，其中主导产品头孢噻肟钠、头孢唑林钠、双黄连粉针等产销量均居全国第一位，青霉素钠原粉及粉针产销量居全国第二位。2000年实现工业总产值68亿元、工业增加值12.4亿元、营业收入66.5亿元、利税10亿元，分别比上年同期增长56%、13%、44%和84%，连续3年实现快速跨越式发展。与全国同行业相比，集团的工业总产值和营业收入二项经济指标均居第一位。

通过引进和开发，集团掌握了抗生素三大母核（6 – APA、7 – ACA、7 – ADCA）及其下游衍生产品的生产技术，并具备了年产西药粉针25亿支、中药粉针6000万支、水针1.4亿支、片剂110亿片、胶囊34亿粒的生产能力，在国内同行业中具有明显的规模优势和技术优势。为适应市场需求，放大经营能力，形成独具特色的经营优势，集团明确提出要使"经营能力大于生产能力"的思想。一方面，建立强大的市场营销队伍，目前集团各企业营销人员已占员工总数的10%以上，营销人员中具有大专以上学历的科技人员比例达到总数的50%以上，全面推进了高智商和科技营销。另一方面，积极扩大产品销售渠道，提高市场覆盖率，集团已在全国30个省、市、自治区建立了130个销售办事处，形成覆盖广、功能强的营销网络，并将产品打入欧洲、亚洲、非洲、美洲市场。通过总经销、区域代理、终端销售、广告宣传促销、医学专业推销等方式，实施"打造哈药品牌平台，发挥共享哈药品牌资源效应"的市场战略，使企业抵御市场风险的能力和国际竞争能力显著提高。连续两年荣获中国工业经济研究院颁发的"中国制造业 500 强"大奖。

哈尔滨医药集团股份有限公司于 1991 年 12 月改组分立为两部分：即在集团股份有限公司之上成立哈药集团股份有限公司；哈尔滨医药集团股份有限公司更名为哈尔滨医药股份有限公司。同时将哈尔滨医药集团股份有限公司的资产合理地分割为两部分：一是将哈尔滨制药厂、哈尔滨制药三厂、哈尔滨制药四厂、哈尔滨制药六厂、哈尔滨中药二厂、哈尔滨医药商业总公司、哈尔滨药材总公司、哈尔滨医药供销总公司、哈尔滨亚兴房地产开发公司、哈尔滨北方制药厂、哈尔滨千手佛房地产开发公司和哈尔滨市医药工业研究所等效益较好的 12 家企业保留在股份公司中，取消法人资格，作为股份公司的分公司。这 12 家企业中的国有资产折为国有股 18764 万元，由哈药集团有限公司代表国家持有。集团股份有限公司于 1990 年 1 月 12 日向社会公众发行 6500 万元股本金，由哈尔滨医药股份有限公司使用和管理。二是把集团股份公司的 19 户企业划出，以集团公司子公司的地位存在。

哈药集团有限公司青霉素钠原粉及粉针产销量居全国第二位；氨苄西林钠、头孢唑林钠、双黄连粉针、头孢噻肟钠等产品产量居全国第一位；具备西药粉针、中药粉针、水针、片剂、胶囊等剂型的生产能力。

（1）抗生素　哈药集团有限公司主要以中国重点抗生素生产基地——哈药集团制药总厂为代表。目前，哈药集团具备年产 8500 吨抗生素原料及中间体、30 亿支西药粉针的生产能力。主要生产青霉素类、头孢菌素类抗生素等 30 余个品种，其中氨苄西林钠、头孢噻肟钠原粉、头孢唑林钠原粉以及头孢唑林钠粉针的产量和市场份额均居全国第一位。青霉素工业钾盐通过美国 FDA 认证；部分原料药和制剂通过南非卫生部的 GMP 认证；头孢唑林钠和头孢曲松钠原粉均通过欧洲 EDMP 认证，产品远销世界 20 多个国家和地区。

（2）化学药物制剂　主要以哈药集团三精制药有限公司和哈药集团制药四厂为代表。生产心脑血管系统、消化系统以及维生素类、激素类、抗感染类等多门类综合性治疗药物。企业制剂手段完备，可生产中西药小容量注射剂、粉针剂、口服液、片剂、胶囊等 16 种剂型、700 多个品种。目前哈药集团拥有年产水针 1.4 亿支、片剂 136 亿片。胶囊 65 亿粒的生产规模。主导产品司乐平片、胃必治片、脑安片、强力脑清素片、"三精"葡萄糖酸钙口服液、"三精"葡萄糖酸锌口服液、人参蜂王浆等在同类产品中占有较强的竞争优势。2004 年，"三精"被国家工商管理局评定为中国驰名商标，实现了东北三省医药行业"零的突破"。

（3）非处方药物及保健食品　主要以哈药集团制药六厂为代表。生产非处方类药物及保健食品。品种门类齐全，可生产输液剂、口服液、糖浆剂（包括中药提取）、片剂、胶囊剂、颗粒剂等 7 个剂型、110 余种产品。主导产品"新盖中盖"牌高钙片、护彤、朴雪口服液、"为消"牌乳酸菌素片等品种在国内市场具有较高的知名度和占有率。另有跨行业的"纯中纯"牌无菌纯净水和系列饮料。

（4）中药产业　主要以哈药集团中药二厂、哈药集团世一堂制药厂和哈药集团中药三厂为代表。拥有全国乃至全亚洲最大的中药粉针剂生产基地。主要生产双黄连粉针、丹参粉针、刺五加脑灵液、冠心泰、六味地黄丸、世一治感佳、逍遥丸等 200 余种中药产品。其中，中药粉针生产技术为世界首创，属专利产品。目前，哈药集团中药粉针年生产能力 1.2 亿支，规模居全国首位。国际注册的"世一堂"牌商标被国家评定为中国驰名商标、"中华老字号"。

（5）生物工程　主要以哈药集团生物工程有限公司为代表。现上市产品有注射用重组人干扰素 α2b（商品名：利分能）、重组人促红细胞生成素注射液（商品名：雪达升）、重组人粒细胞集落刺激因子注射液（商品名：里亚金）、注射用重组人粒细胞 – 巨噬细胞集落刺激因子（商品名：里亚尔）和重组人干扰素 α2b 软膏（商品名：里亚美）等生物工程产品。其中注射用重组人干扰素 α2b 的市场占有率在国内居于首位。企业科技力量雄厚，为国家发改委认定的国家级企业技术中心，科技部认定的国际级企业研发中心。另外还有多个在研品种，其中，国家一类新药有两个。

（6）医药流通　主要以哈药集团医药有限公司为代表。该公司下设 200 余家人民同泰药品零售连锁店，规模居黑龙江省首位。主要经营化学药品、中成药、医疗器械等八大类，3000 多个品种规格。1995 年，公司在全国医药行业首创质量、价格、服务三承诺和 24 小时免费送药服务，在社会和广大消费者中树立起良好的形象。作为被国家商务部列为"药品物流配送体系建设"重点扶持企业的哈药集团，将大力发展药品连锁经营、电子商务、现代化物流配送等现代营销方式，通过 3 ~ 5 年的规模运营，建设成为全国销售规模最大、市场覆盖最具活力的特大型医药流通企业。

（7）动物疫苗及兽药　主要以黑龙江省生物制品一厂为代表。该厂是农业部专业生产动物用生物制品及各类治疗药物的定点生产企业，被列为"中国动物保健品 50 强企业"。以生产优良的动物预防用生物制品及保健产品而享誉国内外，拥有年产 100 亿头羽份动物疫苗的生产规模，主导产品鸡传染性法氏囊病活疫苗荣获第二届中国农业博览会金奖。2006 年 3 月份该厂的禽流感重组鸡痘病毒载体活疫苗（H5 亚型），获得国家生产批准文号，标志哈药集团在抗击禽流感过程中，形成了自己的品牌。

3. 天津天士力集团有限公司

天士力集团于 1994 年 5 月成立，2002 年 8 月，集团所属核心企业——天士力制药股份有限公司上市。公司坚持自主创新，走新型工业化的发展道路，全力打造大健康产业第一品牌，全面推进国际化。形成了以"生命安全保障产业"为主线，包括现代中药、化学药、生物药、特色医疗等产业；以"生命健康需求产业"为拓展，涵盖保健品、化妆品、健康食品、安全饮用水等领域的高科技跨国企业集团。截至 2008 年年底，集团资产总额 83.7 亿元，累计利税 44 亿元，实现年销售额 66 亿元。

天士力集团以"追求天人合一，提高生命质量"为企业理念，坚持"三高一新"（高科技、高起点、高速度、新思维）的发展思路，以科技为核心、以市场为导向、以营销为动力、以质量为保障，为实现"创造健康、人类共享"的目标，坚定地走自主创新、高新科技产业化的发展道路。

天士力集团是以制药业为中心，包括现代中药、化学药、生物制药，涵盖科研、种植、提取、制剂、营销的高科技企业集团。从公司成立以来，集团致力于打造符合系列标准的一体化现代中药产业链。从药材种植、中间提取、制剂生产到市场经营，在各个环节上保证产品的质量。在陕西商洛等地建立了符合《中药材种植生产质量管理规范》（GAP）的药源基地；率先倡导并建立了《现代中药和植物药提取生产质量管理规范》（GEP）；自行研制成功具有国际先进水平的大型自动化滴丸生产线，建立了通过国家《药品生产质量管理规范》（GMP）认证的现代中药产业园；建立了符合《药品经营质量管理规范》（GSP）的营销体系，使公司质量管理实现与国际和国家标准的接轨。为了使知识型、复合型人才成为企业创新的主体，以资本为纽带，建立促进人才成长的分配机制，让知识参与分配，让成果参与分配，使知识成为资本。按照"不求所在，但求所用，成果所有，利益共享"的合作原则，建立"没有围墙的研究院"，吸引国内外一流专业人才加盟合作，使自主研究与合作研究相结合，以科技创新作为医药产业的根本支柱，研发一代、生产一代、贮备一代、构思一代，形成了包括现代中药、化学药、生物药在内的产品体系和产业系。医药营销贯彻"基础市场在国内、目标市场在国际"的营销战略。在国内市场，以"城市医疗、城乡、非处方药"三个板块为基础，进一步探索、研究市场细分，按照不同地区、不同人群拓展新的板块，实施个性化、差异化的营销，形成了由营销集团公司、区域分公司和办事处组成的营销体系，构筑了"横向到边、纵向到底"的市场网络。按照"专家定位，学术推广"的营销思路，实施学术营销、服务营销、文化营销、全员营销，深入开展"健康之星天士力行"活动，做好零距离服务，传播健康理念，创造消费者价值。在国际市场，已经构筑了在亚洲、欧洲、美洲、非洲等市场布局，复方丹参滴丸以药品身份进入韩国、越南、阿联酋、俄罗斯等国家和地区的医药市场，在马来西亚、南非、荷兰、法国、阿联酋等国家地区建立公司，形成了多层次的营销体系。集团积极探索从传统文化到现代文化的升华，使先进的文化价值观与市场经济活动融为一体，形成了"三个人"为内涵的企业文化，即："祖先文化"体现继承与创新，"消费者文化"体现诚信与服务，"员工文化"体现责任与价值。独具特色的企业文化，成为天士力持续高速发展的重要保障。

4. 齐鲁制药有限公司

齐鲁制药有限公司位于山东省济南市，前身为齐鲁制药厂，是中国大型医药骨干企业。主要从事治疗肿瘤、心脑血管、感染、精神神经系统、呼吸系统、消化系统、眼科疾病的制剂及其原料药的研制、生产与销售。拥有员工7000人，大专学历以上人员5200人。

齐鲁制药始终坚持创新发展战略，以市场需求为核心，以产品创新为先导，广泛拓展国内外科研开发合作，注重人才的引进与培养，建有一支高素质的科研队伍，具备专业而高效的研发能力，为公司未来的发展建立了合理的在研产品线，包括全新分子结构在内的数十项小分子药物、新的药物制剂、重组蛋白、合成肽以及抗肿瘤疫苗正处于包括临床研究在内的不同阶段的研制之中。

齐鲁制药建有制剂、化学合成和生物技术、抗生素发酵等七大生产基地，占地190万平方米，公司的全自动生产线和其他主要生产设备及检测仪器均购自世界主要专业制药设备制造商。原料药生产包括发酵、化学合成、生物化学合成、基因工程、冻干及溶媒结晶等多种形式，具有粉针剂、冻干粉针剂、小容量注射剂、片剂、胶囊剂、颗粒剂、乳膏剂、喷雾剂、滴眼剂等完整合理的产品剂型。

在建立坚实的药品研究和生产能力的同时，公司建设了严格规范的质量控制机构和完善的质量保证体系，是首批国家食品药品监督管理局GMP认证企业。其中非无菌原料药（发酵、化学合成）、无菌原料药及多种制剂通过了美国食品药品管理局（FDA）、欧洲药品质量理事会（EDQM）、英国MHRA、南非医药管理委员会（MCC）以及其他国家药品监管机构的认证。

齐鲁制药拥有一支专业化的营销团队，高度重视产品的学术推广与品牌塑造，建立了广泛的双赢合作关系。近年来，抗感染、抗肿瘤、心脑血管等各类产品已得到临床使用者的高度认可，产品市场份额持续快速提高。除拥有遍布全国的销售网络外，公司还积极拓展国际市场，产品远销欧洲、北美、南美和东南亚等地。

公司已研制成功了申捷、赛珍、瑞白、巨和粒、多帕菲、邦达、思考林、欧赛、悦文、苏立等近百个国家级新药，为治疗危害健康的重大疾病提供了广泛而有效的药物。公司的多项研究被评为国家、省级科技进步奖，并创造了良好的社会效益。

1992 年以来，齐鲁制药先后荣获"全国医药工业 50 强"、"中国一百家最大医药工业企业"、"全国五百家最佳经济效益工业企业"、"全国高新技术百强企业"、"全国五一劳动奖状"等荣誉称号。2006 年，被国家发改委等五部委联合认定为"国家级企业技术中心"，被国家统计局评为"首届中国企业集团竞争力 500 强企业"，是 2006 年度"中国十大最具成长力制药企业和医药工业创新能力百强企业"。2008 年被国家发改委认定为"国家工程实验室"。2009 年荣获"医药行业三十年行业贡献奖"、"企业信用评价 AAA 级企业"等荣誉，2010 年荣获"医药企业十优国际化先导企业"，2011 年 4 月荣获"2011 化学制药行业企业百强"（第 13 位）和"2011 化学制药行业创新型企业品牌十强"等荣誉称号。

5. 修正药业集团股份有限公司

修正药业集团总建筑面积 59 万平方米。集团下辖 55 个全资子公司，有员工 6 万余人，资产总额 59 亿元。自 2000 年起，连续 9 年在吉林省医药企业综合排序中位居榜首，2004 年在全国中药企业利润排序中跃升为第一名，销售额和利润居中国医药行业前十强。2000～2009 年累计实现销售收入 392.23 亿元，上缴税金 14.97 亿元，利润 39.5 亿元。是吉林省药业龙头和民营企业第一纳税大户。先后获"全国守合同重信用企业"、"全国诚信守法乡镇企业"、"国家火炬计划重点高新技术企业"、"国家火炬计划优秀高新技术企业"、"国家科技创新型星火龙头企业"、"吉林省优秀企业"、"吉林省精神文明建设先进单位"等近百项荣誉。集团不断深化改革，创新求变，建立、完善现代企业制度，使领导体制、管理机制形成了崭新的理念和模式，集团始终充满了蓬勃生机和活力，以超常的速度、稳健的经营、骄人的业绩驶入可持续发展轨道。

集团可生产 21 种剂型 800 多种产品。以"斯达舒胶囊"、"益气养血口服液"、"脑心舒口服液"、"消糜栓"、"唯达宁"五个名牌为引领的，以及"肺宁"、"格平"、"骨骼风痛片"等一大批荣获国家级金奖、优秀产品奖的主导产品，成为行销国内外的驰名品牌。其中，"斯达舒"被国家工商行政管理总局认定为国内胃药市场首例"中国驰名商标"，始终居于全国胃药市场领军地位。唯达宁上市后，连续获得"店员推荐率最高品牌"、"最受欢迎皮肤用药"、"治疗真菌剂型销量第一"、"消费者最满意品牌"等多项荣誉。

集团拥有国家级企业技术中心，并在沈阳、上海设有分支机构，现有国内外著名医药专家及科研人员共 500 多人，与国内外高等院校、科研院所均有合作交流。新药研发做到生产一代、研发一代、储备一代。

集团走中药现代化之路，追求集团化运作、规模化发展，形成了"一大国家级企业技术中心、八大制剂基地、五大原料基地、十大销售平台"的发展格局，保持强劲发展态势。

集团建起覆盖全国的营销网络，在全国设立 38 个省级分公司（大省设两个分公司），466 个地市级办事处，具有特点明显、业绩突出的市场竞争优势。

集团已从求生存求发展转向追求企业利益与社会利益一致。用于各类捐赠及光彩事业投资，累计价值已超 3.1 亿元。为社会提供 3 万多个就业岗位，其中安置下岗职工 1.2 万人。

6. 神威药业有限公司

神威药业有限公司是中国现代中药的领先企业，综合实力在中药行业名列前茅，是香港联合交易所市值最大的医药类上市公司。"神威"商标为中国驰名商标，"神威"品牌为中国 500 最具价值品牌之一。公司先后荣获"全国'五一'劳动奖状"、"中国十大最受赞赏的医药企业"、"中国和谐劳动关系优秀企业"、"中国企业文化优秀奖"、"中国十大行业百佳雇主"、"中国成长企业百强"、"全国中药系统先进集体"等上百项荣誉称号。

神威药业主要针对中老年用药、儿童用药、抗病毒用药三大高速增长的目标市场，专注发展现代中药新剂型、新产品，形成了以现代中药注射液、中药软胶囊、中药颗粒剂三大剂型为特色的强大优势产品组合，现代中药注射液年产量 12 亿支，软胶囊年产量 35 亿粒，均雄踞国内第一位。拳头产品清开灵注射液、参麦注射液占据了国内 60% 以上市场份额，五福心脑清软胶囊每年为数百万中老年人带来健康，藿香正气软胶囊等产品享誉全国。清开灵软胶囊等 13 个品种被列为国家中药保护品种，五福心脑清软胶囊、神威藿香正气软胶囊被中国医药保健品进出口商会认定为绿色标准产品。

神威药业通过综合运用指纹图谱、超临界萃取、超微粉碎等现代中药生产新技术，中药动态逆流提取、注射液洗灌封联动生产线、软胶囊全自动包装线等领先工艺设备，广泛应用计算机控制技术，实现了中药生产的标准化、中药剂型的现代化、质量控制的规范化、生产装备的自动化，使神威现代中药产品达到了"安全、有效、稳定、可控"，实现了中药与现代生活的同步，做到了良药不再苦口。

强大的研发能力是神威药业持续发展的基础。神威药业设立博士后科研工作站，引进高级专业技术人员，本着"继承不泥古，创新不离宗"的原则，以市场为导向，以科技为先导，以中药现代化为核心，积极开展中药新药药学研究和临床研究，开发新产品，每年都有多个新产品问世，形成了"生产一代、储备一代、开发一代、研制一代"的新产品格局。国家级新药降脂通络软胶囊列入国家高技术研究发展计划（863）"创新药物和中药现代化"重大科技专项项目，并被国家发改委列入"降脂通络软胶囊高技术产业化示范工程"，是科技部等四部委联合认定的国家重点新产品。

未来神威药业将继续致力于现代中药的研发、生产和销售，着重培养以需求为导向的研发、以成本和质量为要求的精益生产、以传统渠道为依托、以掌控终端为最终目的的营销以及以严细求实为核心的神威文化等四个方面的核心竞争力，打造一流的现代中药品牌，引领现代中药，推进健康产业。

三、天津主要医药企业

1. 天津中新药业集团股份有限公司

天津中新药业集团股份有限公司是历史悠久的，以中药创新为特色的，分别于 1997 年在新加坡，2001 年在上海两地上市的大型医药集团；拥有 40 余家分公司及参、控股公司，业务涵盖中成药、中药材、化学原料及制剂、生物医药、营养保健品研发制造及医药商业等众多领域，旗下天津隆顺榕、乐仁堂、达仁堂等数家中华老字号企业与中药六厂等现代中药标志性企业同时并存并荣，并与葛兰素史克、以色列泰沃、美国百特、韩国新丰等全球知名药企牵手联营。

天津中新药业集团股份有限公司是中国首家同时拥有 S 股和 A 股的海内外上市公司，拥有 40 余家分公司及参、控股公司。公司生产经营涉及中成药、中药材、生物医药、化学原料及制剂、营养保健品等众多领域，拥有 11 个系列，21 个剂型 718 个注册品种，其中国宝级中药四个，中药保护品种 21 个，独家生产品种 109 个。中新药业营销网络覆盖全国，众多优质产品远销世界 30 多个国家和地区并享有盛誉。

中新药业以中药创新统领经营发展思路，注重自主创新研发，一直走在中药现代化发展的前列。拥有一个国家级企业技术中心、六个市级企业技术中心、一个市级中药现代化技术工程中心以及国家人事部批准的企业博士后科研工作站。拥有专利申请 495 件，其中发明专利 313 件，独家处方 67 个，独家剂型 42 种。在长期的实践探索中，集成并优化了世界最先进的中药设备和技术，形成了中新药业独特的中药现代化集成发展平台。全面执行 GAP、GLP、GCP、GMP、GSP 系列标准，实现全程质量控制，确保产品的安全有效。面向未来，中新药业将继续秉承"天人同序，惠福民生"的企业宗旨，在中药现代化的发展道路上不断探索，不遗余力的推动中药的现代化和国际化。公司技术创新体系实力雄厚，拥有一个国家级企业技术中心、五个市级企业技术中心、一个市级中药现代化技术工程中心以及国家人事部批准的企业博士后科研工作站。

公司具有强大的生产能力和先进的装备技术。在长期的实践中，摸索并积累了丰富翔实的设备工艺数据，根据自身需要选择并优化了世界最先进的设备和技术，同时研发具有自主知识产权的先进设备，如多滴头滴丸机，目前已进入第三代，实现了远程智能化控制。并创造性地将超微粉碎技术、低温动态逆流提取技术、三相流化床技术、旋转薄膜技术、提取数字化控制技术、二氧化碳超临界萃取技术、膜分离技术、柱层析技术、一步造粒技术、全粉压片技术、喷雾干燥技术等中药现代化关键技术集成到了现有产品的制备过程中，形成了中新药业独特的中药现代化工艺流程，实现了生产程控化、输送管道化、包装机电化、检测自动化。位于天津经济开发区的中新药业现代中药产业园作为中药现代化发展成果的集成平台，引起了海内外的广泛关注。

公司营销网络覆盖全国，产品远销世界 30 多个国家和地区。公司致力于人类健康事业，执行 GLP、GCP、GAP、GMP、GSP 系列标准，实现了全程质量控制。在完善自身运营的同时，与葛兰素史克、以色列泰沃、美国百特、韩国新丰等全球知名药企牵手联营，建立了合资公司。中新药业已形成以现代化中药产业为核心，以化学制药为补充，以生物医药为促进的，拥有完整的产业链、产品链、人才链的，具有国际影响力的制药集团。

2. 中美天津史克制药有限公司

中美天津史克制药有限公司是全球最大的药厂之一葛兰素史克（GSK）与国内大型药厂天津中新药业股份有限公司和天津太平（集团）有限公司共同投资设立的消费保健用品公司。

作为最早在华设立的外商合资药厂之一，中美史克早在 1987 年便在中国生根。20 多年来，中美史克一直秉承着大爱铭心的理念，用优质的产品和爱心回报社会和广大患者和消费者。2008 年，中美史克家族除了消费者耳熟能详的四大 OTC 品牌新康泰克、芬必得、百多邦、史克肠虫清外，还成功上市了全球牙医首选推荐的抗牙敏感牙膏舒适达；新康泰克和芬必得两大品牌家族又添新成员，2008 年，新康泰克红色重感装成功上市；2009 年，酚咖片新头痛装的成功上市，2010 年，中美史克又一个令人耳目一新的口腔护理新品牌"保丽净"成功上市，为广大的义齿佩戴者提供了一个安全高效的护理方案！同年，康泰克鼻贴上市，为中国消费者舒缓鼻部症状开创了一个创新的健康选择！除此以外，中美史克一直在不遗余力地研究中国消费者的需求，并借助全球研发力量，力求不断推出更多的优质产品，以更好地呵护中国消费者的健康生活。

中美史克注重以人为本，多年来，始终致力于创造一个以消费者为根本、以公司核心价值观为行为指南的、员工高度敬业的公司文化。公司激动人心的"3T"文化，即相互信任（trust）、开放透明（transparent）、积极主动（take initiative），不断引导、鼓励着员工追求卓越，并吸引越来越多的人才加入我们的伟大事业。

作为一家富有社会责任感的企业，中美史克关注公益的脚步也从未停止。在汶川大地震中，葛兰素史克中国公司在地震发生的第二天即捐助了1000万元人民币，其中仅中美史克的捐赠就达到了260万。在此之后，中美史克还组织员工深入灾区都江堰践行爱心，协助当地受灾学校的重建工作。2008年，中美史克启用收留了103个流浪儿的光爱学校校长石清华作为芬必得品牌的广告主人公，以捐赠演出费、捐赠爱心健康运动屋等方式资助石清华更好地从事慈善教育事业，还在员工中开展了与石老师收养的流浪儿互动的"与爱同行，伴你成长"志愿者活动。

3. 诺维信（中国）生物技术有限公司

诺维信（中国）生物技术有限公司位于天津经济技术开发区，占地16万平方米，绿化面积25%，由丹麦诺维信公司投资1.65亿美元于1994年开工兴建，1998年正式投产。诺维信（中国）生物技术有限公司是诺维信在欧美之外最大的战略生产基地，生产范围广泛的酶制剂产品，包括技术级、食品级、饲料级酶制剂和最先进的洗涤剂工业用酶。产品不仅满足中国日益增长的市场需求，还大量销往日本、东南亚、韩国和澳大利亚等国家和地区。

（1）生产工艺　酶制剂是微生物经过发酵而产生的。现代酶制剂生产是大规模的生物技术应用过程，由发酵、提取和造粒三大工艺程序构成，诺维信积累了70多年的生产经验，形成自己独特的一套从发酵、提取到造粒的先进生产技术。

（2）质量控制　诺维信公司产品质量标准依照诺维信在全球范围内的通用标准及中国现行国家标准设置。公司在所有职能部门普遍贯彻ISO质量控制系统，并在此基础上通过了ISO 9001国际质量体系认证。

质量控制实验室由化学实验室和微生物实验室组成，是世界上最先进的实验室之一。化学实验室主要进行酶的活性分析、原料分析和粉尘分析，配备了自动酶活分析仪、粒度分布激光测定仪、气相色谱、高效液相色谱、毛细管离子分析仪等先进的分析仪器。特别是采用酶联免疫法分析活性粉尘，可精确到纳克级，居国际先进水平。

微生物实验室配备了一流的仪器设备，采用与丹麦总部相同的分析方法以及诺维信标准实验方法和操作规程，进行日常酶制剂样品及环境样品的微生物指标分析，并定期参加国际性食品卫生检验准确性的校准测试。

（3）环境保护　诺维信天津工厂遵循诺维信集团全球统一的环境政策，追求环境绩效的持续改进。工厂建立了 ISO 14001 环境管理体系，通过最优化的生产实践减少环境影响。

诺维信天津工厂主要污染物的排放均符合或明显低于相关环境标准所规定的排放水平。工厂的环境保护设施是国家环保总局认定的"全国环境保护百佳工程"。工厂拥有现代化的污水处理厂和发酵残渣综合加工厂。

在符合排放标准的同时，天津工厂致力于废弃物的可持续利用，将处理后达标并适用于灌溉的生产废水回用于厂区和开发区。而经过加工处理的发酵残渣则制成具有相当高农业应用价值的有机肥——"诺沃肥"。诺维信天津工厂将再生水和诺沃肥无偿提供给地方园林绿化部门和众多农户，使当地社区受益于诺维信的工业可持续发展政策。

诺维信（中国）生物技术有限公司引领生物创新的世界先导，与众多行业客户携手，开发面向未来的工业生物解决方案，促进客户业务发展，改进地球资源的使用方式和效率。诺维信的 700 多种产品遍及全球 130 个国家和地区。生物创新为日新月异的未来市场提供卓越和可持续解决的方案，提高工业效率，保护世界资源。从去除食品中的反式脂肪酸，到开发新型生物燃料，为未来世界提供动力，诺维信自然解决方案推动工业进步与发展。4500 多项专利见证了我们对自然潜力永无止境的探索，展示出自然与科技相结合所产生的强大力量。诺维信遍及全球的 4500 多名研发、生产和销售人员通过不懈努力，致力于改变当今业务模式，开创人类更加美好的未来。诺维信是丹麦在华最大投资企业之一，自 1994 年起累计投资 2 亿美元，在天津经济技术开发区建立了全球酶制剂生产基地，在北京中关村科技园区设立了中国首家外资生物技术研发中心。此外，诺维信在江苏太仓建立了苏州宏达制酶有限公司；在沈阳设立了微生物生产基地；销售网络遍及全国。诺维信（中国）生物技术有限公司位于天津经济技术开发区，占地16万平方米，由丹麦诺维信公司投资1.65亿美元于1994年开工兴建，1998年正式投产。诺维信（中国）生物技术有限公司是诺维信在欧美之外最大的战略生产基地，生产范围广泛的酶制剂产品，包括技术级、食品级、饲料级酶制剂和最先进的洗涤剂工业用酶。产品不仅满足中国日益增长的市场需求，还大量销往日本、东南亚、韩国和澳大利亚等国家和地区。诺维信（中国）生物医药有限公司是诺维信公司在天津开发区兴建的又一家工厂。新的生物医药工厂初期将生产以芽孢杆菌发酵的透明质酸产品，该产品适用于医疗器械和医药应用，如眼部护理等。后续还将建设一系列的原料药和用于医药工业的药物成分车间。新工厂在2009年至2010年的投资额约为3500万~5000万美元。新工厂将生产符合世界绝大多数国家药监部门规定的药用标准的医药级透明质酸产品。在投资兴建透明质酸生产工厂的同时，诺维信还正在规划着药厂的扩建，建设一系列的原料药和用于医药工业的药物成分的车间。

4. 天津力生制药股份有限公司

天津力生制药股份有限公司系天津市医药系统的大型企业，始建于1951年，系具有50多年历史的天津市力生制药厂通过股份制改制，由天津市医药集团有限公司作为主发起人，联合天津宁发集团公司、天津市西青经济开发总公司、香港培宏公司、彭洪来先生等四家发起人共同创立，并经天津市政府批准，于2001年8月8日正式注册成立为天津力生制药股份有限公司。公司现有员工1100人。生产片剂、硬胶囊剂、颗粒剂、滴丸剂、原料药。销售面覆盖全国，部分产品出口日本、澳大利亚、韩国、欧美、东南亚等。

（1）公司的经营理念　公司在市场激烈的竞争中，多年来严格遵循"先做好人、再做好药"的宗旨，在经营中坚持"言必信、行必果"的诚信原则，始终如一的贯彻"以德经商、以德兴企、以德待人、以德为本"，为人类健康事业做出自己应有贡献的道德理念。

（2）公司的产品与品牌　公司多年来精心创造了"三鱼"牌男宝、氨酚咖匹林片（正痛片）、力字牌盖胃平、寿比山牌吲达帕胺片等名牌药品，在全国享有盛誉。近年来，又开发了有自主知识产权的新产品，为公司的快速发展增添了后劲。近年来企业多次被评为"中国 100 家最大医药工业企业"、"改革试验先进企业"、"优秀企业"、"科技进步先进企业"、荣获"全国五一劳动奖状"等光荣称号。在医药行业实现利润排名情况为 1994 年第 41 名、1999 年第 46 名、2001 年第 33 名。

（3）公司的经营成果　公司在经营中，始终坚持质量就是生命，为社会提供优质产品的原则，贯彻药政部门制定的标准，产品合格率始终为 100%。企业效益和社会效益（公司利润、人均利税等指标）连续三年大幅度的增加，利润连续九年创历史最高水平。特别是近十年来，企业在稳固发展的基础上先后与日本和意大利等外商，合资成立了天津武田药品有限公司、天津田边制药有限公司、天津新内田制药有限公司、天津伊马机器有限公司。现四个合资企业全部进入投资回报期。

（4）新世纪的发展方向　面向 21 世纪，公司将继续坚持多年形成的"以人为本、以德治企、依法治企"的经营理念，强化"以提高企业效益为中心、以注重产品质量为生命、以加快科研开发为基础、以关爱员工生活为凝聚力"的企业宗旨，正确处理内部员工、社会、股东、供销客户等要素的互动关系，提高公司的凝聚力、增强员工的向心力、提升企业的竞争力、扩大产品的市场占有率。努力工作，回报股东，诚实诚信回报社会。

在天津中环线的西面，有一座现代化的制药企业。它在半个多世纪的历程中，走出了一条自己的发展之路。厂容整洁，绿草如茵。春天里梨花白、桃花红，海棠争先绽放。这个企业像一个大花园，又像是一颗璀璨的明珠镶嵌在黄河道和咸阳路的交汇处。这就是天津力生制药股份有限公司。

力生公司在多年的改革实践中，靠"以人为本、以德治企、依法治企"使企业振兴和发展，公司经济效益连年增长。

力生公司始终坚持走"中西结合、中外结合、灵活经营、加速发展"的力生之路。从 1992 年到 1996 年短短的四年间，先后与日本建立了田边制药有限公司，与日本最大的制药企业武田药品工业株式会社合资建立了天津武田药品有限公司，后又相继成立了天津新内田制药有限公司、伊马机器有限公司、天津赫素制药有限公司。

2001 年在各级领导的支持下，力生制药厂仅用 80 天就成功地完成了国有企业股份制改造，并于同年 8 月 8 日正式挂牌运营，并按照《公司法》的相关规定，成立了公司的股东会、董事会、监事会，完善了法人治理结构，实现了规范运作，一连串的重大改革决策和发展举措，使力生公司驶入了加速发展的快车道。

经过力生人几十年艰苦奋斗的积累和近十几年的改革发展，力生制药股份有限公司现已成为拥有了 3 亿多元资产，占地近 300 亩，职工 1100人，能生产制剂、原料药等十六大类 100 多个品种、规格和 4 个合资企业以及其他第三产业的制药公司，被列为中国 100 家最大医药工业企业之一、100 家最佳经济效益工业企业之一。

力生公司长期以来极为重视中西药及化学合成药品的开发与研究，坚持走自主开发与产研结合之路。1994 年与天津药物研究院建立了长期开发协作关系，成立了"力生研究所"。多年来，先后开发出高血压治疗药吲达帕胺糖衣片，被评为天津市名牌产品。广谱抗真菌治疗药伊曲康唑胶囊，溃疡性结肠炎治疗药奥沙拉秦钠胶囊，治疗哮喘病的富马酸福莫特罗片和治疗老年痴呆的盐酸多奈哌齐片。公司还研制了治疗血栓的阿司匹林肠溶胶囊，纯中药制剂男宝，以天然植物为原料的抑制胃酸回流剂盖胃平，治疗妇科疾病的调经益灵片等多个优质品种，已成为力生公司的骨干产品。传统名牌产品"三鱼牌"正痛片，已是家喻户晓，深受广大患者的喜爱，畅销 50 多年不衰。

力生公司在 1990 年就开始对"男宝"车间进行 GMP 改造，三鱼牌男宝获得日本厚生省批准进入日本市场。

1994 年又取得澳大利亚卫生部 GMP 的认证。

1999 年得到国家药监部门的 GMP 认证，2003 年公司全面通过 GMP 认证。

为进一步保证和提高药品质量，公司从德国、意大利引进了世界一流的制药设备，并购进了多台气相色谱仪、液相色谱仪等先进的检测仪器，保障了患者的用药安全。

为增强企业发展后劲，加大科技投入和新产品开发力度，公司又投资 300 多万元，建成一个设施功能比较先进完备的新品研发中心，充实了科研开发人才，化药、中药、原料药等相关课题研究已经展开。

2000 年随着新产品伊曲康唑、奥沙拉秦原料的上马，结束了公司只能生产制剂的历史，实现了零的突破。目前又有三个新品原料药吲达帕胺、盐酸多奈哌齐、富马酸福莫特罗通过了 GMP 认证。

新建起的原料车间、精烘包车间、制水和锅炉设备、甲类库房、三废处理站等各项硬件，均达到同行业一流水平。

作为制药企业，力生人始终把为人类健康事业做贡献，为患者提供质优价廉的药品作为己任。

为适应市场经济的要求，提高营销队伍的战斗力，加大市场开发力度。公司在 1997 年成立了市场开发部，会同销售部一起将新品和名牌产品推向市场，服务患者。定期组织营销人员培训，开通 800 免费咨询热线，建立了力生服务网站，形成了商业客户、甲级医院和 OTC 药店的三张营销网络。提出创新服务理念：市场需求是我们的服务宗旨；客户满意是我们的服务标准；患者信任是我们的服务追求。

公司员工的敬业精神和行动赢得了广大客户和患者的赞誉，公司经常收到患者的咨询电话和表扬信。过硬的药品质量和良好的诚信服务，使力生公司在社会上树立了"吃力生药百分之百放心"的良好社会形象。

公司主要产品销售遍及全国，还出口到美国、韩国、日本、澳大利亚等国家。

创新用人机制，巩固企业根本。力生公司逐步建立了与市场经济相适应的人才开发、培养、使用的管理机制和激励机制，营造了有利于各类人才脱颖而出的良好环境，制定了"311"人才发展战略，即：培养 300 名市场开发和营销人才，培养 100 名新品开发的技术人才，培养 100 名工人技师等优秀操作人才。公司建立了大学生公寓，对业绩突出的大学生奖励 8 万~10 万元住房补贴；对评定出的工人技师、优秀工艺员、优秀员工颁发聘书、晋升 1~3 级工资，鼓励岗位员工爱岗敬业，学练技能，创出佳绩。

公司在人才开发中，一方面向市场要人才，从社会上招聘企业急需人才。另一方面激活内部人才，引入优胜劣汰的竞争机制，使青年优秀人才脱颖而出。目前，公司选用了一批 35 岁左右的青年人，在各车间和部门担当重任。

公司从领导到员工，克服困难，积极进取，工作中体现了：扎实肯干，无私奉献的品格；雷厉风行，不畏艰难的作风；独当一面，团结协作的精神。

有人说，力生是部"严情"小说，这个"严"字就体现在企业的日常管理环节中。力生公司在管理中始终坚持"以人为本、以德治企、依法治企"和"危机管理"理念，推行金字塔和链条式管理。2001 年公司对原管理制度进行了全面的立、改、废，一套 188 个全新的制度体系在股份制公司成立之际正式启用，进一步强化了公司基础管理。多年来，公司一直坚持对工艺纪律、劳动纪律、环境卫生三项工作进行检查，并坚持"力度不减，标准不降，工作不拖。"通过检查增强了广大员工遵章守纪的自觉性，为确保安全生产和药品质量打下了良好的基础。2002 年公司又强化了效能监察小组的职能，定期检查各项管理制度的落实情况，堵塞漏洞，为公司避免了经济损失。

在通过日本、澳大利亚 GMP 验收的基础上，公司在 2003 年全面通过了 GMP 认证，各车间不论是硬件设施，还是软件管理都达到了新的水平。

每两年一次澳大利亚卫生官员来公司检查 GMP 执行情况时，都对力生公司的药品生产和质量管理给予高度评价。

力生的"情"体现在公司对员工的关心照顾和企业中所形成的一种"家庭"的亲情氛围。多年来，公司一直坚持每年拿出 100 多万元为员工办好事、办实事。如：免费供餐、为每位员工订报到家，实行年休假、生日假、正月十五放假等制度，发放生日慰问款，为员工上补充养老保险和补充医疗保险，为女员工上安康保险，每年为员工进行健康体检等。节假日公司组织党群部门向困难家庭、老干部、老劳模、高龄老人、统战对象等人员进行慰问。工会每两月召开一次困补会，为困难员工送去补助金。夏季生产，工会为高温作业员工送去凉爽。2004 年公司又建立了包括健身房、博弈阁、台球厅、乒乓室、飞镖室等活动场所的"职工之家",职工有了一个健身、休闲、娱乐的好去处,受到了职工的普遍欢迎。

公司党群系统每年都要召开政治工作会议。党组织注意培养发展新党员,壮大党员队伍,并坚持在党员中开展争当"十佳党员示范岗"活动。

公司工会每年组织职工开展争做优秀"家庭主妇"活动。他们通过广播、《力生人》报、职工演讲、论坛等多种方式宣传企业理念,"做好人,才能做好药"的职业道德理念已深入人心,走进力生,你就会有一种进入"家"的归属感和团队的荣誉感。员工把企业当成自己的"家",各种公益活动,不论是义务献血,还是为灾区捐衣捐物,大家一呼百应,积极踊跃参加。

为活跃员工的文化生活,公司每年都要组织在职和离退休职工旅游观光,使离退休职工老有所养,老有所乐。每年都要举办各种不同形式的职工竞技赛,既有篮球比赛、拔河比赛、乒乓球比赛、职工保龄球大赛等体育赛事,又有青年摸鱼比赛、划船比赛等趣味活动。让员工的身心在活动中得到锻炼,使员工的团队精神在活动中得到展现。

公司先后荣获"全国医药企业思想政治工作优秀企业"、"先进党组织"、"优秀领导班子"、"文明单位"、"劳动模范集体"、"全国五一劳动奖状"。力生公司,一个底蕴深厚,脚踏实地的企业;一个雄心万丈,志在高远的企业;一个不断进取,永不满足的企业,未来的力生将会谱写出更加精彩的篇章供人赏析,将会有更加辉煌的前程引人憧憬。

5. 天津医药集团有限公司

天津医药集团有限公司是天津市政府授权的从事资本经营和产业运营集科工贸于一体的大型国有独资企业集团,是天津市重点培育和重点发展的支柱产业,是中国 500 强企业。天津医药集团以医药产业为主业,科研、生产、商业销售配套,在产业结构上形成以化学药、现代中药、医疗器械、医药商业四大板块互相依托的较为完整的产业格局。在全国医药集团中经济运行质量达最优,在降血压、抗艾滋病、抗乙肝药物,头孢、碳青霉烯类抗生素和现代中药领域获得全国单项冠军,为在"十二五"期间形成 500 亿销售规模,参与国际医药市场竞争,打造具有国际竞争实力的大型医药企业集团奠定基础。主要竞争策略"三三四一"战略：整合单体企业优势，共同降低经营成本；扩大市场规模锁定顾客；整合资源打造市场；产学研结合整体提升。与其他大型综合药企更深层次的合作竞争，即为竞争而合作，靠合作来竞争，在"竞合"理念的指导下，企业通过优势互补，最终形成"双赢"、"多赢"的局面。天津医药集团的产业规模主要为化学原料药与制剂、中成药、保健品、医疗器械、制药机械等5个工业制造业，以及医药、眼镜、兽药械等6个批发与零售业；集团有工商企业81家（其中合资企业19家）、零售网点236个。核心优势在降血压、抗艾滋病、抗乙肝药物，头孢、碳青霉烯类抗生素和现代中药。主要品牌芬必得、新康泰克。主营业务医药产业、信息网络、房地产业。发展目标综合效益居全国医药集团前列。

6. 天津华津制药有限公司

天津华津制药有限公司始建于1938年，是中国最早的现代化制药企业之一。2005年投资建设的新公司坐落于天津市经济开发区，以生产化学制剂为主。拥有世界一流的生产线、国际先进水平的检验中心、规范的质量保证管理体系、高于药典的内控标准以及高水平的知识性专业人才，天津华津制药有限公司以最大的努力为公司的产品质量、为人类的健康事业做出了有力的保证。

目前，公司主要生产经营大容量注射剂、片剂、胶囊剂、粉针剂，并致力于神经精神科产品的开发及推广。

1987年与法国施维雅合作生产治疗2型糖尿病的新药达美康（格列齐特片Ⅱ）。

1991年与瑞士山德士药厂合作生产治疗老年性痴呆症的脑代谢增强剂喜得镇（甲磺酸双氢麦角毒碱片）在全国范围内享有盛誉。

2000年自主研发成功第三代镇静催眠药青尔齐（佐匹克隆胶囊）。

偏头痛黄金标准治疗药物丹同静（琥珀酸舒马普坦片）、治疗抑郁症一线药物西同静（盐酸舍曲林片）相继上市，广受医生和患者的好评。

具有完善的试验设备和丰富专业知识的研究人员，完全执行GLP、GCP运作的研发部门，是华津为社会奉献优质药品的基础。

严格规范的班组－车间－公司三级质量管理体系、精密先进的进口检测仪器（高效液相色谱仪、气相色谱仪、紫外分光光度仪、红外分光光度仪、荧光分光光度仪、自动电位滴定仪、自动溶出度仪等）、先进的设备和高素质的化验人员有力地保证了产品的质量。

经过多年的努力培育和悉心发展，华津已拥有了自己较为成熟的销售模式，总部－大区－地区的三级销售网络覆盖全国，产品遍及全国。华津还拥有自营进出口权，通过与国内医药保健品进出口公司的合作，产品销售至亚洲、非洲、欧洲。

模块四 素质强，创业有能力

任务一 认识毕业后的升学、就业道路

化工设备维修技术（制药方向）专业的学生在毕业时获得本专业的专科学历，可以选择直接就业、进一步升学深造或者其他途径就业。

直接就业：该专业毕业生可以以应聘的形式或是订单培养的形式在本专业技术领域相关行业（如食品、农业、化工）的企业单位就业，主要岗位包括制药设备维修与维护岗、制药设备管理岗、制药设备操作岗以及化工设备维修与维护岗、化工设备管理岗、化工设备操作岗等。

升学深造：该专业毕业生可以选择进入本科院校进行进一步学习深造，成绩合格后可以获得相应学历学位。也可参加专业硕士研究生教育考试，继续获得本科以及更高层次的教育学习机会，提高学历层次。目前进入本科院校深造的途径主要有：普通专升本、自考专升本、成考专升本和远程教育专升本。除此之外，一些省市对专科毕业生升本有鼓励政策，例如，在天津市参加技能大赛获得一等奖可以免试升本。

本专业学生毕业后，可参加高一级相应工种的专业培训，取得相应的技能等级资格。

其他途径：除了直接就业、升学深造以外，毕业生还可以自主创业、或是选择参军入伍、考取公务员或选调生、参加"三支一扶"计划、"大学生志愿服务西部"计划等。

自主创业：国家鼓励和支持高校毕业生自主创业。对于高校毕业生从事个体经营符合条件的，将给予一定的优惠政策，毕业生可以向所在学校

就业中心、学工部咨询。

大学生参军入伍：国家鼓励普通高等学校应届毕业生应征入伍服义务兵役，高校毕业生应征入伍服义务兵役，没有专业限制，只要政治、身体、年龄、文化条件符合应征条件就可报名应征。毕业生在服役期间享有一定经济补偿，服役期满后可在入学、就业等方面享有一定优惠政策。每年4月至7月开展预征工作，毕业生可以向所在学校就业中心、学工部、人武部咨询。

公务员：应往届毕业生可以参加国家或地方公务员考试，两者考试性质一样，都属于招录考试，但两者考试单独进行，相互之间不受影响。国家公务员考试一般在当年年底或下一年年初进行，地方公务员考试一般在3~7月进行，考生根据自己要报考的政府机关部门选择要参加的考试，一旦被录取便成为该职位的工作人员。具体政策可参看国家公务员网的相关政策。

选调生：选调生是各省区市党委组织部门有计划地从高等院校选调的品学兼优的应届大学毕业生的简称，这些毕业生将直接进入地方基层党政部门工作。我国各省份对选调对象的要求条件差别较大，专科毕业生可以根据自己的实际情况，结合选调省份对选调对象的要求，报名参加相应考试。毕业生可以向所在学校就业中心、学生处咨询。

"三支一扶"计划：大学生在毕业后到农村基层从事支农、支教、支医和扶贫工作。该计划通过公开招募、自愿报名、组织选拔、统一派遣的方式进行落实，毕业生在基层工作时间一般为两年，工作期间给予一定的生活补贴。工作期满后，可以自主择业，择业期间享受一定的政策优惠。毕业生可以向所在学校就业中心、学生处咨询。

"大学生志愿服务西部"计划：国家每年招募一定数量的普通高等学校应届毕业生，到西部贫困县的乡镇从事为期1~3年的教育、卫生、农技、扶贫以及青年中心建设和管理等方面的志愿服务工作。该计划按照公开招募、自愿报名、组织选拔、集中派遣的方式进行落实。志愿者服务期间国家给予一定补贴，志愿者服务期满且考核合格的，在升学就业方面享受一定优惠政策。毕业生可以向所在学校就业中心、学生处咨询。

任务二　认识毕业后的职业道路

　　该路径是毕业生常规的职业道路，以顶岗实习学生或毕业生身份进入企业，从事某一岗位或轮岗工作，此时是毕业生熟悉工作岗位、工作单位的阶段。待正式毕业后，可以进入企业的试用期，成为实习员工，这一阶段仍是毕业生熟悉工作、企业和毕业生进行双向选择的阶段。试用期结束后，毕业生成为企业的正式员工，从事某一特定岗位的工作，通常从最基层做起，这样不仅可以掌握较全面的知识，可以积累丰厚的经验，对于日后从事技术或管理工作奠定扎实的技术功底，而且，这样的职业路径也符合毕业生的知识结构、技能水平和目前自我提升的准备情况。当锻炼到具有一定工作能力，积累有一定工作经验，创造有一定工作成绩时，可以逐步晋升，逐渐从普通员工成长为企业骨干，再成长为企业"顶梁柱"。

任务三　认识毕业后的职业岗位

　　化工设备维修技术（制药方向）专业的学生在完成学业的同时可以考取机修钳工、维修电工、焊接等工种的中、高级职业资格证书，可以在制药企业、化工企业、食品企业等相关企业从事设备维修与维护、管理、操作等工作。经过专业拓展学习后，还可以从事医药商品的经营与销售等工作。

　　毕业后从事的主要工作岗位如下。

　　（1）化工设备维修技术（制药方向）专业培养的学生可以从事制药设备的操作、日常维护、维修及管理工作。

　　具体岗位：①制药企业车间维修工；②制药企业车间设备管理员；③制药企业设备操作工。

　　拓展：石油、化工企业设备操作、维修、管理等岗位。

（2）学生毕业后可从事的主要工作

①原料药生产设备使用、维护、管理、维修。

②制剂设备使用、维护、管理、维修。

③拓展石油、化工企业、医疗机构等的生产设备操作、维护、管理、维修。

任务四　学习身边的能工巧匠

人物一：设备维修的能工巧匠——记全国技术能手周智勇

1996 年 11 月周智勇获得"中华技能大奖"的"全国技术能手"。来自西安飞机工业公司的高级电工周智勇广学博览引进设备及生产线的技术资料，成为熟练掌握这些系统的安装、调试、故障诊断和维修技术的人才。

人物二：设备线上的能工巧匠丁宏卫

杭钢维检中心热带作业区丁宏卫，在杭钢"学中干、干中学"这一良好学习实践氛围的熏陶下，通过自己不懈的努力，从一名普通的技校生成长为具有电气设备管理、维修以及直流系统调试技能专长的科级管理人员。

1988 年，丁宏卫从杭州劳动局技校电工专业毕业，进入杭钢工作。20 多年来，一直在杭钢热轧带钢生产线上从事维修电工和电气管理方面的工作。不善言谈的丁宏卫对电气专业情有独钟，一有空闲就啃读理论书籍。每次有新进的电气设备或备品备件，丁宏卫都会把说明书拿来细细地研读一番，弄清工艺原理和技术参数，为日后诊断故障、改进设备做准备，渐渐地，这便成了他的一种习惯。为了迅速掌握生产线交流电气工作原理，他借来图纸，利用工余时间，一边琢磨，一边描图，用了 3 个多月时间，把整条生产线的交流电气图重新绘制了一遍。装订成册后，成了他进行设备维修、排除故障时一本重要的工具书。正是这股韧劲，他只用 3 年时间，就把班组管辖的交流电气设备年故障时间，由原来的 20 多个小时降到 3 个小时左右。

自 1992 年起，丁宏卫曾连续多次在集团公司维修电工技术比武中保持前三名；2000 年，顺利通过维修电工技师考评，成为一名电工技师。3 年后，又以过硬的理论基础和扎实的操作技能，通过理论、实际操作考试以及论文答辩，成为杭钢实施员工技能鉴定后首批维修电工高级技师。2003 年，他代表杭钢参加了浙江省维修电工技能大赛，取得了省直属企业赛区的第二名及省决赛的第六名。2005 年，丁宏卫又凭借扎实的功底，先后夺取省直属企业维修电工比武的第一名和省维修电工技能大赛的第二名。

由于技能优异，工作业绩突出，2006 年丁宏卫被评为第一批浙江省职业技能带头人；2007 年"五一"前夕，荣获全国"五一"劳动奖章、浙江省劳动模范、"百行百星"职工技能状元"金锤奖"等称号；2009 年，经过科级管理人员公开竞聘，成为热带作业区副主任，由此走上了企业管理岗位。

多年来，丁宏卫在设备管理上针对生产线的薄弱环节，不断进行改造革新，使设备运行稳定顺行。整条生产线从头到尾都由他提出、设计并组织实施的改造项目，共计 20 多项。这些项目的实施均取得了很好的效果，既降低了设备故障率，又节约了大量的电能。

对于专业技术的学习，丁宏卫丝毫没有放松过，他对于热带生产线上的电气设备结构、线路走向、PLC 程序都熟记于心。难怪员工会说，只要丁宏卫在场，我们就踏实了。

面对自己在发展道路上所取得的一系列成绩，丁宏卫说："能从一名普通的维修电工成长为企业的高技能人才和管理人员，离不开杭钢提供的多种成才途径。我将进一步发挥自己的才能，为杭钢的平稳较快发展做出新的贡献。"

人物三：能工巧匠曾宇翔

年逾五旬的电气高级技师曾宇翔现任中铁一局城轨公司盾构维修中心副主任。他参加工作已有 30 多年。先后在中铁一局五公司、四公司、新运公司、城轨公司工作，从事大型设备的电气、机械、液压的维保工作，丰富的人生经历和工作经验使他养成了作风扎实，责任感强，做事认真的作风。

2009 年 5 月，城轨公司成立了盾构维修中心，专门负责盾构机及配套设备以及周转料的维护、维修与保养。技术过硬的他从北京项目部调入盾构维修中心任职。在他的领导下，盾构维修中心先后进出场盾构机累计 11 台，完成维修 4 台。公司的设备集中管理与设备资源调配效率得到了大幅度的提升，多次获得公司领导和项目部的肯定和赞扬。技术过硬的曾宇翔自然不会畏惧设备维修过程中出现的技术难题。在维修的过程中凡是遇到难关他都是亲临现场操作示范，破解难题。

在他的组织下先后编写了《海瑞克刀盘主轴承维修保养方案》等累计 18 项方案，为以后的设备维修工作质量控制的开展提供了理论依据和技术基础。

曾宇翔常说："我们就是要帮助项目解决实际问题。"

曾宇翔在维修中心成立了进口设备零部件国产化研发小组，提出了许多项合理化与技术革新建议，促进了配件国产化的研发工作，基本摆脱对盾构机生产厂家的依赖，走出了一条自主维修的新路。截至 2011 年 11 月，曾宇翔主持对盾构机部件的国产化课题达 60 余项，已成功的达 52 项，有效控制了维修成本。他的目标是把维修中心打造成为国内最大的盾构设备维护"全科医院"。曾宇翔凭着对事业孜孜不倦地追求精神和对企业的赤诚之心，为企业的发展默默贡献着自己的力量。

人物四："设备巡警"冯春兴

工作中，他一丝不苟，总是不辞辛苦的穿梭于楼上楼下，认真进行设备巡视和维护。车间领导和员工们常说，只要有"设备巡警"在线，机械设备隐患全"杀"，正常运转率达 99%，"死机"更是十万八千里的事。他就是九三粮油工业集团宝泉岭公司动力车间机械维修工冯春兴。

在机械维修组，提起冯春兴，员工们都会禁不住竖起大拇指，佩服他善于警觉机械故障的能力。这除了掌握一些常规机械知识外，最要紧的是要有一颗高度细致的责任心。为这，冯春兴每天要上下楼往返 50 多次。记得一次夜间接班，白班的员工说明机械运转正常后便离开，冯春兴了解情况后，本想到值班室休息几分钟，可"闲不住的两条腿"却向车间走去，当路过二号炉时，一种异样的声音"惊动"了他，他俯下身子"端详"了好几次，也没有成效。最后，他索性展开"逐个部件排除法"，终于在半个小时后发现抛煤机的刮板有变形并即将脱落的现象，虽然是小毛病，但他还是不敢懈怠，叫来一个帮手迅速将其修复。在他看来，小要"忍"必成大患。

如果说善于警觉问题是好事，那么精于解决问题就是冯春兴能揽事。冯春兴是维修组有名的勤奋好学的人，他平时努力刻苦钻研本专业知识，经常"泡"在机械书籍里，为更好地扩大知识资源，他还学习计算机知识，通过网络媒体来提高自身的知识面，不断地充实自己，提升自己。他利用业余时间自学考取了省高级工人技术职称。有一次，动力车间一号锅炉的小捞灰机时时出现掉轨现象，很多"老师傅"处理了很长时间，但效果都不太好。他自告奋勇地赶到现场，对捞灰机进行认真观察，并结合自己所学的专业知识发现了问题所在，原来是捞灰机的链条有的变形拉长了，使之与轨道错位才出现脱轨。问题找到了，他和员工不顾灰尘满身，一节节地测量着链条的比度，把不合格的链条一个个换下来，很快排除了故障。看着捞灰机又恢复正常运转，运行班长十分感慨地说：真是"药到病除"，还得多学知识，吃"老本"不行啊。这次故障的及时处理，保证了捞灰机的正常工作，要是再拖延十几分钟，捞灰机故障就会导致整体机械停机，那样万元的损失将不在话下。

抢修工作中，冯春兴总是冲在最前，有时为保证机械正常运行，他经常顾不上一个夜班的疲惫，默默地为企业加班加点，直到抢修工作完成。生活中，他更是热情诚恳地对待同事，班组同事们遇到困难都愿意同他交流，请他帮助解决。

冯春兴就是这样，在成绩面前从不自满，时刻保持积极进取的心态，不把自己定格，不为自己设限，在平凡的工作岗位上描绘了不平凡的画卷。靠着朴实无华的作风、严谨认真的态度，他感染着周围班组员工们互相学习，共同进步。他将班组练就成一支能战斗、能吃苦的过硬队伍，在车间树起了一面鲜红的旗帜！

来看看制药企业的工作环境吧

工作环境介绍：化工设备维修工主要的工作环境就是制药生产车间或化工生产车间内。

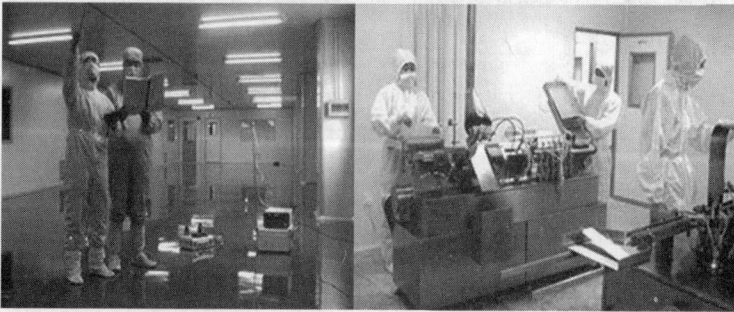

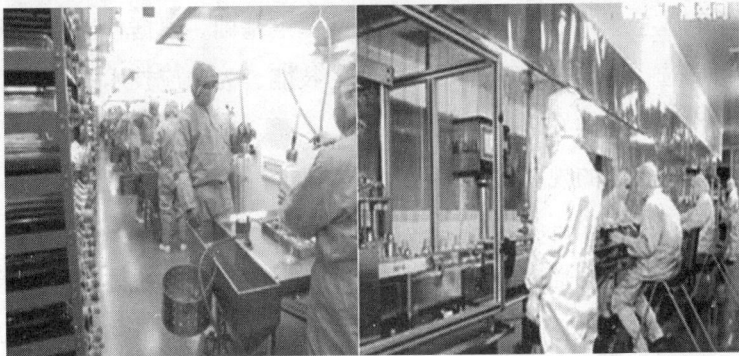

任务五　个人职业生涯规划

　　个人职业生涯规划是指一个人对自己内在的兴趣爱好、能力特长、学习工作经历、职业倾向等因素和外在工作内容、工作性质、时代特点等因素进行综合分析，确定自己的职业奋斗目标，并为实现这一目标而制定合理有效的行动方案。职业生涯规划主要包括四个方面，即我真正想做什么？我适合做什么？我怎样去实现我的目标？我现在需要做什么？

　　毕业生从业后，要对自己的职业生涯有一个合理规划。要根据对自己兴趣、能力的了解，以及对职业的认识，再辅以职业人员的咨商、辅导，制定一个职业生涯计划，为将来职业生涯奠定基础。根据自己的职业生涯计划，可以选择适当的教育、训练职业的技能，为顺应技术的变化、岗位的转换工作的升迁做好准备工作。

个人职业生涯的规划包括以下六个步骤。

步骤一：自我分析。

全面的自我分析是进行个人职业生涯规划的基础，通过自我分析可以了解自己的兴趣志向、能力特长、智商情商、人格或性格类型等多方面的信息。在进行自我分析时，首先是自己对自己进行内在条件的分析，要对自己有一个真实的了解和分析，例如，我是否愿意与具体事物（或人）打交道，我是否喜欢从事科学技术事业等。除此之外，我们还可以了解一下别人眼中的我们是什么样子的，这样可以更真实全面地帮助我们了解自己。其次，我们还要进行外在条件的分析，例如，自己所在地区的经济、教育等水平如何，自己所学专业在该地区的需求量如何，自己在这样的地区环境中的地位如何等。

目前，我们可以通过相应的职业测试来了解分析自己。在学校和企业，一些专业的职业测试已被广泛地使用在个人职业生涯规划上。在这些测试中，霍兰德职业兴趣测试适合于高中生和大学一、二年级的学生，这个测验能帮助被试者发现和确定自己的职业兴趣和能力专长，从而科学地做出求职择业或对自己的职业生涯规划及时进行调整。

步骤二：确定志向。

俗话说："有志者，事竟成。"远大的志向是我们在职业生涯中的努力方向，确定志向是我们职业生涯的起跑线。所以，在进行职业生涯规划时，要为自己确定明确的志向，例如，我立志成为设备维修领域中的佼佼者。

步骤三：确定目标。

在职业生涯规划中，我们要对自己的职业生涯设定一个总体目标和若干个阶段目标，清楚每一个阶段在自己整个职业生涯中所发挥的作用，要为自己在每一个阶段达到目标而制定合理可行的方案。

毕业生从事相关专业技术工作一定时间后，符合职称评审条件的，可以获得相应职称。职称反映了专业技术人员的技术水平、工作能力和工作成就，象征着一定的身份，也会带来工作薪酬的提高。从职称角度来说，个人的职业道路和职业发展都伴随着职称的晋升。在一定的工作年限中，积累工作经验，创造工作成绩，获得职称，是走好职业道路和良好职业发展的表现之一。

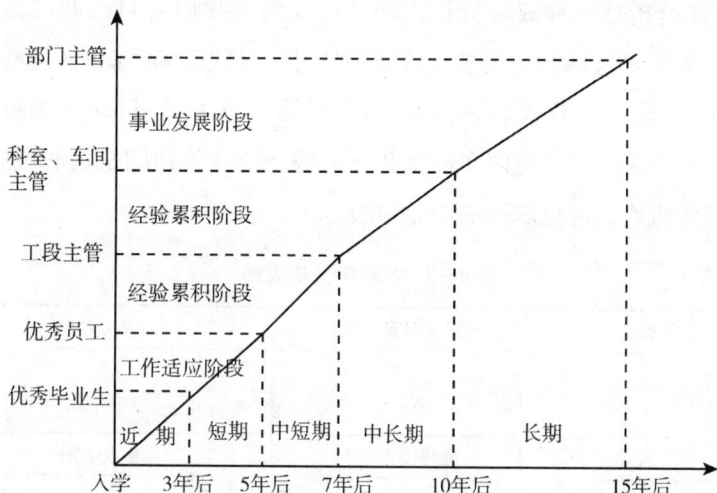

图 4 - 1　职业生涯各阶段

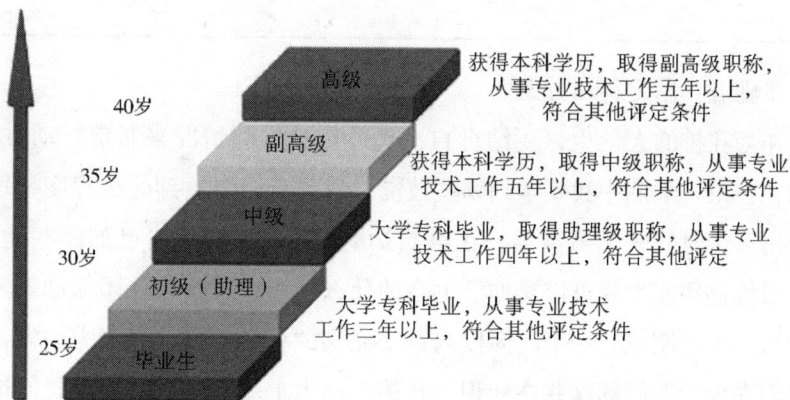

图 4 - 2　职业发展规划

步骤四:职业生涯路线的选择。

当我们确定好职业目标后，就要为实现这一目标选择一条道路，例如，我是想在实验技术上有所成就还是想在实验室管理上大显身手，不同的道路对个人的要求不同。我们要综合分析自己的内在条件、外在条件和职业目标，在此基础上，选择最合适自己的职业路线。

SWOT 分析是一种战略分析方法，可以帮助我们对自己的内在条件、外在条件和职业目标进行分析。在 SWOT 中，S 代表 strength（优势），W 代表 weak（弱势），O 代表 opportunity（机遇），T 代表 threat（威胁）。在该方法中，个人根据自身内在的优势、弱势，结合外在的机遇和威胁，得出自己抓住机遇，避免威胁的职业路线。

表 4 –1   SWOT 分析表格

内部因素	优势因素（S）	弱势因素（W）	解决方案
外部因素	机会因素（O）	威胁因素（T）	解决方案
结论			

步骤五：制定行动方案。

作为在校的大学生，要结合自己现阶段的实际情况来制定行动方案。例如，在第一学期中我要学到哪些技能，我的英语要达到什么程度，每周我会用多少时间来学习英语，在第二学期中，我要锻炼自己的哪些能力，为了锻炼这些能力我可以参加学生会的什么工作或者哪些社团活动等。通过在每一个学期或者一个时间段内制定充实的行动方案，并努力去做，那么我们在大学期间的这些在知识、技能、能力上的准备，可以为我们进入职场打下一个良好的基础。

表 4 – 2　近期自我发展规划（大学生活规划）

时间		大学　年级第　学期
职业素养	阶段目标	
	行动方案	
	满意收获	
	不足之处	
	改进方向	
理论学习	阶段目标	
	行动方案	
	满意收获	
	不足之处	
	改进方向	
技能锻炼	阶段目标	
	行动方案	
	满意收获	
	不足之处	
	改进方向	
实习经历	阶段目标	
	行动方案	
	满意收获	
	不足之处	
	改进方向	
学生工作	阶段目标	
	行动方案	
	满意收获	
	不足之处	
	改进方向	

表4-3 短期自我发展规划（初步职业规划）

我的职业目标：	（毕业　　年实现）
单位/岗位	
岗位工作内容	
岗位任职资格	
岗位工作环境	
岗位发展潜力	
自身具备条件	
自身欠缺条件	
行动方案	

步骤六：评估和反馈。

由于外界环境的变化和一些不确定因素的影响，我们制定的职业生涯规划总会与实际情况存在一定的偏差，因此，这就需要我们对自己的职业生涯规划有一个评估、反馈、调整的过程，经过这样一个动态的完善过程，我们的职业生涯规划才能更加符合社会需要，顺应环境变化，保证职业生涯规划的有效性。

下面是一个的大学生职业规划表格，请你参考它设计一份适合你的职业规划表。

大学生职业规划表

一、认识、评估自己

自我评估	兴趣与爱好	
	性格与个性	
	特质与特长	
	意志力状况	
	职业价值观	
	职业兴趣、倾向、需求	
	个人弱点、缺点	

续表

社会评估	对你影响最大的人	称谓	姓名	对你的评价与期望（家人、老师、朋友眼中的"你"）
		父亲		
		母亲		
		亲戚		
		老师		
		朋友		
		同学		
职业倾向测评	（可借助职业倾向测评系统或参照"职业倾向测评"内容进行）			

二、环境与职业分析

家庭环境分析	经济状况	
	教育背景	
	人际关系	
校园环境分析	学校	
	学院（系）、专业	
	班级、寝室	
职场环境分析（结合调查实践或历届毕业生就业状况）	人才供需状况	
	对人才素质的要求	
	对专业知识具体要求	
	对专业技能具体要求	
	对资格证书的要求	
	岗位说明	
	岗位的工作状况	
	岗位的收入状况	
	职工自我满意度	

三、职业生涯规划设计（毕业后10年）

描述职业目标	近期职业目标（毕业后2年）	
	中期职业目标（毕业后5年）	
	长期职业目标（毕业后10年）	
目标分析	实现目标的优势（个人）	
	实现目标的弱点（个人）	
	实现目标的机会（环境）	
	实现目标的障碍（环境）	

四、大学期间职业生涯规划

1. 总的目标规划

规划内容		达到的目标	途径和措施	完成时间
智商方面	专业成绩			
	技能成绩			
	英语能力			
	计算机能力			
	其他能力			
情商方面	人格品质修养			
	身心健康调节			
	沟通交际能力			
	文体活动能力			
	其他能力			

2. 三年分阶段规划

（1）一年级规划 认识试探期

职业生涯规划具体内容	完成时间	验收实施情况
从自身角度、从别人角度全面认识、评估自己		
了解专业和职业，培养专业兴趣，培养职业意识		
明确岗位对专业的要求，制定和实施专业学习、实训计划		
明确英语和计算机能力要求，制定学习计划		
注重综合素质拓展，有针对性地参加校内外社会实践		

（2）二年级规划　成型调整期

职业生涯规划具体内容	完成时间	验收实施情况
强化岗位对专业能力的要求，有针对性地强化专业学习和实训		
为技能考核做充分准备并获取专业技能资格证书		
为英语、计算机应用能力做充分准备并获取相关证书		
积极而有针对性地参加岗位实践或企业兼职，培养职业适应能力		
在社会实践中培养吃苦耐劳精神、责任感，提高抗挫折能力		

（3）三年级规划　定向实践期

职业生涯规划具体内容	完成时间	验收实施情况
重点关注就业信息和职场机会，确定初次就业具体目标		
收集整理就业信息，做好就业前心理准备		
准备个人求职推荐材料、锻炼求职面试能力		
完成毕业所需课程，完成毕业设计（论文）		
参加招聘、积极竞争，寻找并获得适合顶岗带薪实习岗位		
顶岗带薪实习，实践职业，积累经验，开启个人职业生涯		
在职业实践中检验自己的职业综合能力，动态调整职业发展目标，逐步完成"学校人→社会人→企业人"的转变		

五、生涯评估、反馈和动态调整

提示：对在校三年职业生涯规划和实施进行评估、反馈和动态调整。在此基础上，可利用同样的方法来指导自己毕业后职业短期、中期、长期目标规划实践、评估反馈和动态调整。

知识链接

下面以一名食品营养专业学生的职业生涯规划为例，介绍大学生职业生涯规划书的填写内容及格式。请你看后也试着给自己做个职业生涯规划书吧。

大学生职业生涯规划书

一、前言

在今天这个人才竞争的时代，职业生涯规划开始成为就业争夺战中的另一重要利器。对于每一个人而言，职业生命是有限的，如果不进行有效的规划，势必会造成时间和精力的浪费。作为当代的大学生，若是一脸茫然踏入这个竞争激烈的社会，怎能使自己占有一席之地？因此，我为自己拟定一份职业生涯规划。有目标才有动力和方向。所谓"知己知彼，百战不殆"，在认清自己现状的基础上，认真规划一下自己的职业生涯。

一个有效的职业生涯设计必须是在充分且正确认识自身条件与相关环境的基础上进行的。要审视自己、认识自己、了解自己，做好自我评估，包括自己的兴趣、特长、性格、学识、技能、智商、情商、思维方式等。即要弄清我想干什么、我能干什么、我应该干什么、在众多的职位面前我会选择什么等问题。所以要想成功就要正确评价自己。

二、自我评价

（1）个人性格 既有外向的一面，又有内向的一面。各种活动中一般都会看到我参加，内向时，可以让人忽略我的存在。

（2）个人兴趣 喜欢打乒乓球和网球，喜欢看书，喜欢一个人散步，喜欢写东西等。

（3）个人特长 有坚持不懈的精神，有虚心问学的勇气，有有错必改的正气，最重要的是我有一颗忠诚的心。

（4）个人学识 本科生。

（5）个人志向 我想当一名出色的营养师。虽然说社会上的公种有几千多种，形形色色，但我就是喜欢这个职业。虽然它比不上医生救死扶伤那么神圣，但它也是可敬的，因为营养师能让我们的身体更加健康。

三、对专业的认识

（1）专业背景 提高营养健康水平是经济社会发展必然趋势，也是经济和社会发展的重要内容，是反映一个国家经济发展、文明进步程度和生活质量的重要标志，直接关系到国名经济发展及全名素质的提高。我国政府提出要"把提高人民生活水平作为根本出发点"，"全面建设小康社会"，把改善和提高人民营养健康水平作为社会经济发展的重要指标、作为社会发展的一项重要任务。

（2）专业名词解读

"营"在汉字里指谋求。

"养"是指养生和养身。

"营养"就是"谋求养生"，也就是用食物或者食物中的有益成分谋求养生。

营养（专业定义）：机体通过摄取食物，经过消化、吸收和代谢，利用食物对身体有益的物质作为构建机体组织器官、满足生理功能和体力需要的过程就是营养。

食品营养：人体从食品中所能获得的热能和营养素的总称。

食品营养学：主要研究食物、营养与人体生长发育和健康的关系，以及提高食品营养价值。

（3）专业课程　有机化学、无机化学、生物化学、食品化学、人体生理学、食品微生物学、食品营养学、食品卫生学、食品原料学、食品分析与检测、营养配餐设计、食品加工、烹饪理论与技术、食品标准与质量管理等。

（4）专业就业方向　营养师目前已服务于医院、学校、幼儿园、宾馆、饭店、运动队、食品企业、健身俱乐部、美容院、社区、养老院等多方企事业单位。将来可以从事私人、家庭营养师，星级饭店营养顾问，食品制造企业营养顾问，营养食品销售企业营养顾问，机关食堂的营养顾问，减肥美容中心的营养顾问，社区营养师，幼儿园、学校营养师。

四、对就业环境的分析

随着世界人口的急剧膨胀，对食品的需求量势必剧增。方便、速冻、保鲜、保健、微波、休闲、儿童、老年食品及健康饮料和调味品将风靡全球。食品行业的"大输血"为食品专业教育指明了方向。

食品是人类赖以生存、繁衍的物质基础，是人类维持生长与健康的第一需要。正由于在国民经济中占有重要地位，食品工业与机械工业、化学工业并称为国民经济三大支柱产业，在我国，食品科学被定为一级学科，与数学、物理等具有同等地位，在它的下面，以前曾设有制糖工程、粮食工程、油脂工程、烟草工程、农产品贮运与加工等多个具体专业，但教育部颁发的最新专业目录中，已将这些专业统一为"食品科学与工程"专业。这样使得食品工程的专业领域大大拓宽，有利于我国食品工业培养更多宽口径、复合型的现代科技人才，更有利于增强毕业生的就业竞争力。

随着科技水平的不断发展，现代食品工业正在向着科学化、自动化、大型化方向发展。食品工业在国内外的竞争，最终体现在技术竞争与人才竞争上。食品工业的发展关键是人才培养。目前我国已经基本上建立起了培养高层次食品科技人才的教育体系。这些高校毕业生分配部门和国家有关部门反馈回来的信息表明，食品科学类毕业生除继续深造，报考研究生或出国留学外，在高等院校、科研单位和设计单位，从事教育、科学研究和设计工作。去向大致如下：大、中型食品企业（包括中外合资企业），从事科技开发和组织管理工作；有关公司的业务管理部门，从事经营销售、企业管理等工作。

正如前文所述，食品工业是国民经济的三大支柱产业之一，它在一个国家工业体系中所起的重要作用是不容置疑的。我国是一个拥有13亿多人口的国家，对食品的需求依然很大。更值得一提的是，改革开放以来，我国城乡居民的生活水平不断提高，对食品的需求已由过去的单一温饱型逐步向五彩缤纷的精品科技型过渡。据最新的资料显示，反映食品消费支出占生活总支出百分比的恩格尔系数，我国城市为44.5%，农村为53.4%，已经达到或接近国际上40%～50%的平均水平。它表明传统的食品制造与食品简单加工在食品工业中所占的比重日益下降。富裕起来的人们开始关注健康、营养，并已形成一个庞大的潜在市场。高科技、高附加值的食品企业不断出现，它们已经创出了很多驰名品牌。可以预计，在不远的将来，营养保健食品、生物食品、食品的精深加工业将有较大的发展，对高素质的专业科技人才将有极大的需求。那些学有专长，又勇于开拓创新的食品专业毕业生将会成为这些新兴企业的主角。

五、我的目标

没有目标的人生，就像无人驾驶的小舟，漫无目标的地随风飘荡。必须首先确定自己想干什么，然后才能达到自己确定的目标。目标会使你胸怀远大的抱负，目标会在失败时赋予你再去尝试的勇气，目标会使理想中的我与现实中的我相统一。正如空气对于生命一样，目标对于成功也有绝对的必要。明确的目标是成功的基础，所以树立一个目标很重要。在走向成功的过程中，不妨明确大目标和小目标的关系，按照实施的步骤排列起来依次完成，这样可以做得更快更好。

1. 近期目标

食品专业的相关学科，我都要认真学习，将专业所需的知识都收入囊中。同时，我要阅读大量的课外知识，这样才能扩展自己的知识面，开阔自己的视野。还有，我要增加自己的人脉，搞好人际关系。

我要考取各种与专业有关的证书，英语过级，计算机过级，参加各种能增强自己能力的活动，同时还要在大学期间积累社会经验。

2. 长期目标

在社会工作中积累经验，增长自己在课本中无法学到的实践知识，结合理论知识进行属于自己的创新。在工作之余，我还要学习各方面的知识，提高自己的能力，增长在校园无法接触到社会知识，努力提高自身修养。

六、达到目标的计划

1. 在大学期间

学好各科专业知识，掌握食品营养与加工行业的基本知识。

积极复习英语，努力在大二第一学期就通过四级考试，大二第二学期通过六级考试。

计算机过级考试也是我不能错过的，我要在大三之前通过计算机一、二级考试。

除了英语和计算机外，我还要从大二开始积极准备考多种与食品专业有关的证书。

除了英语，我还要学多一门外语，所以我要从大二开始自学韩语。

寒暑假时，我会到社会上进行短期的工作，在工作期间，我会学习如何与工友相处，怎样与领导打交道，学会如何在集体中表现自我，而又不受到排斥，积累社会经验。

2. 毕业之后

工作之路：毕业后，我会在学校、饭店、食品企业或健身俱乐部工作，积累经验。

业余时间，我会继续学习专业知识，让自己的知识更加全面。

努力工作，这样才会让领导注意到我，取得提升的机会。

积极请教前辈，因为他们的经验是可贵的，然后结合自己的知识，创出自己的品牌。

建立良好的交际网，同事聚餐，公司举办的活动，我都尽量参加。

能力得到了锻炼，也积累了经验，创业资金也攒到了，这时，我会自己开一间营养套餐店，运用自己的知识，将店办得有声有色。

七、结束总结

社会是不断变化的，事情也不会一成不变，但是我还是会一直朝着我的目标前进，即使道路是曲折的，滋味是苦涩的，我还是不会放弃。然而，适当的，适时的调整是免不了的，我会定时给自己做评估，按实际情况做一些调整，以适应社会的新变化。

附 录

附录一 毕业生顶岗实习工作安排

顶岗实习是高职院校人才培养方案的重要组成部分，是实践教学的重要环节。通过顶岗实习，实现融学习过程于工作过程之中，满足职业岗位要求。顶岗实习旨在培养学生具有良好的职业道德素养和身心素养；提高学生的业务操作技能，形成良好的专业素养；同时还有利于提高学生的分析问题和解决问题的能力，形成良好的综合业务素养。在顶岗实习过程中切实贯彻以服务为宗旨、就业为导向的指导方针。

一、实习目的

通过顶岗实习，培养学生兢兢业业的工作作风和认真负责的态度，使学生所学知识的基本概念、基本理论、基本技能融会贯通。在此基础上进一步学习、掌握一些先进的知识，提高综合实践技能，学习开展实际工作和调查研究的方法，锻炼学生独立生活、独立工作和团结协作的能力。

二、组织领导

（一）实习领导组

由学院主管院长担任实习领导小组组长，教务处主任担任副组长，各系主管教学的主任为领导小组成员，具体组织、安排、实施顶岗实习工作。

（二）指导教师

1. 校外指导教师为实习单位的技术人员，进行学生顶岗实习的岗位技能训练的指导工作。

2. 校内指导教师为学院各系委派的教师，进行学生顶岗实习的协调、管理工作。

三、实习时间

第六学期，按每周 30 学时，共计 18 周，18 学分，540 学时。

四、顶岗实习管理工作安排

（一）各系依据各系专业特点，制定本系的顶岗实习工作计划，落实措施，组织实施，监督检查。

（二）各相关部门要充分认识学生顶岗实习安全的重要性，积极做好实习前的安全教育工作和实习过程中的安全监督工作，及时处理实习中出现的问题。

（三）各系应加强对顶岗实习的全过程管理和监控，严格把关，规范管理，确保顶岗实习教学质量。

（四）各系在学生顶岗实习全部结束后，将成绩汇总填入顶岗实习成绩汇总表（按教务处统一格式），按规定时间报送教务处。

（五）学生完成顶岗实习工作后，各系应对顶岗实习工作认真总结分析，并将总结报告报送教务处。

（六）各类实习资料由各系保存。

五、顶岗实习对学生的要求

（一）学生离开学校进行实习前，应将实习期间的联系方法、紧急联络人及实习单位告知系内相关实习指导教师，相应信息由各系统一汇总存档。

（二）学生在正式开始实习后，应按实习单位的要求，认真完成顶岗实习规定的各项任务，并应如实进行《学生顶岗实习手册》的填写。实习期间应定期向学校汇报实习情况，并将作为学校实习指导教师对学生实习成绩评定的依据。

（三）学生在实习单位需遵守国家相关法律及实习单位各项规章制度和安全管理规定，完成实习任务。虚心接受实习单位领导的安排，服从实习单位的工作需要，尊重实习指导老师和工作人员。

（四）学生要严格遵守实习单位的考勤制度，考勤将与实习成绩挂钩。实习中有事需向所在实习单位请假，工作繁忙时或关键阶段不能请假。对擅自离开实习单位的，将严格按照学籍管理的有关规定处理。

（五）实习结束由实习单位根据学生实习考勤和表现如实填写顶岗实习鉴定表，企业指导教师给出相应成绩，加盖实习单位公章，无企业公章成绩无效。

（六）实习过程中学生要与校内指导老师保持联系，及时关注校内各种通知及要求，资料及相关要求下载请关注校园网相关内容。

六、实习成绩评定

（一）顶岗实习鉴定

毕业生必须认真、如实填写《顶岗实习手册》（具体要求见《学生顶岗实习手册》）。顶岗实习鉴定成绩以百分制记录，其中企业鉴定成绩权重占顶岗实习鉴定成绩的 80%，学校鉴定成绩权重占顶岗实习鉴定成绩的 20%。顶岗实习鉴定成绩占顶岗实习总成绩的 50%。

（二）顶岗实习报告（毕业论文）

毕业生在进行顶岗实习教学中可以选择撰写毕业论文，也可以选择撰写顶岗实习报告。

1. 顶岗实习报告

毕业生在进行顶岗实习教学中可以选择撰写顶岗实习报告（具体要求见"学生顶岗实习相关要求"），顶岗实习报告成绩以百分制记录。顶岗实习报告成绩占顶岗实习总成绩的 50%。

2. 毕业论文

毕业生在进行顶岗实习教学中也可以选择撰写毕业论文（具体要求见"学生毕业论文相关要求"），毕业论文成绩以百分制记录，其中指导教师成绩评定权重占 40%，评审成绩权重占 40%，论文答辩成绩权重占 20%。毕业论文成绩占顶岗实习总成绩的 50%

各教学系可选择毕业论文成绩或学生顶岗实习报告成绩之一汇总学生顶岗实习总成绩，顶岗实习中的原始资料由各系保存。

在顶岗实习过程中如有特殊情况，及时与各系实习领导小组联系。

天津生物工程职业技术学院教务处
2011 年 10 月

附录二　化工设备维修技术（制药方向）专业顶岗实习计划及要求

一、性质

顶岗实习是化工设备维修技术（制药方向）专业开设的必修实践教学项目，是确保专业人才培养目标的实现，培养学生实际工作能力，解决实际应用问题能力的一个重要实践性教学环节。

二、总体要求

在顶岗实习过程中，学生应态度端正、发扬团结协作的精神、虚心好学、听从指挥，能充分利用所学知识解决生产实际问题，并在工作中不断更新知识、提高专业技能。应能够运用所掌握的基础知识、基本理论和基本技能，对实际工作中遇到的某个理论或实际应用进行调查研究和分析，写出与岗位相关的实习体会。

三、顶岗实习组织机构

1. 院领导小组
主管教学院长、主管实习、实训教务副主任、就业办负责人。
2. 系领导小组
系主任、系书记、专业带头人、骨干教师、辅导员。
3. 指导教师
（1）企业岗位具有 5 年以上实际工作经验的人员，最好具有中级及中级以上技术职称。
（2）系专业教师。

四、顶岗实习时间

第六学期，按每周 30 学时，共计 18 周，18 学分，540 学时。

五、实施步骤

1. 第五学期开学初，根据学院教务处关于顶岗实习有关规定制定本系毕业年级顶岗实习计划及具体要求。

2. 第五学期10月底召开顶岗实习动员大会，分专业进行。

3. 第六学期，学生参加顶岗实习。

4. 学生在实习过程中记录实习情况，5月中旬交顶岗实习报告。

5. 系汇总顶岗实习成绩，上报教务处。

六、具体要求

根据教务处有关顶岗实习制度及措施，同时结合我系几个专业的具体情况，提出具体要求如下。

1. 各专业带头人或骨干教师讲解学院顶岗实习制度及系具体要求。

2. 系书记或辅导员讲解顶岗实习期间安全、纪律及心理健康问题。

3. 各班班长将每位学生填写的详细信息汇总后交到系办公室。

4. 每班指定两名组长，建立联络网。

5. 在实习岗位指导教师的指导下，学生按照学院要求认真填写实习报告册，记录实际工作情况。

6. 系领导小组成员及学院指导教师在学生顶岗实习期间，每月保证一次到实习人数较密集的企业检查学生的实习情况。

7. 学生小组组长每周周五下午1点半至3点半打电话向系里汇报一周实习情况。

8. 学生在实习期间密切关注学院网站发布的各项通知。

9. 第六学期期末，学生按照规定时间上交顶岗实习报告，成绩不合格者不准毕业。

10. 系书记、辅导员密切关注学生在实习期间的思想动态，关注学生的心理健康。

天津生物工程职业技术学院制药系
2011 年 9 月